내 맘의 도자기 만들기

정연택의 버금이 도예교실

버금이 도자기 만들기

정연택의 버금이 도예교실

한문화사

버금이 도자기 만들기
정연택의 버금이 도예교실

초판 2쇄 발행 2023년 6월 23일

저자	정연택
발행인	이인구
편집인	손정미
글	정연택
사진	고영빈
일러스트	정연택
디자인	권민철
출력	(주)삼보프로세스
종이	영은페이퍼(주)
인쇄	(주)웰컴피앤피
제본	신안제책사
펴낸곳	한문화사
주소	경기도 고양시 일산서구 강선로 9
전화	070-8269-0860
팩스	031-913-0867
전자우편	hanok21@naver.com
등록번호	제410-2010-000002호
ISBN	978-89-94997-43-8 03500
가격	28,000원

들어가는

"나만의 도자기 만들기"가 출판된 지 어느덧 햇수로 3년째 접어들었다. 그동안 우리는 팬데믹으로 인한 생존의 위협과 더불어 일상의 많은 변화를 겪었다. 특히 비대면 사회의 출현은 디지털 기술에 기반한 플랫폼 중심의 비대면(untact) 산업을 더욱 성행하게 했으며, 페이스북, 아마존, 넷플릭스, 구글과 같은 플랫폼 기업의 영향력이 더욱 커지는 결과를 가져왔다.

말

그러나 최근에 무엇보다 주목받고 있는 변화의 핵심은 챗봇(chatbot)과 같은 인공지능기술이다. 인공지능기술은 범용적 기술로서 일상의 변화를 넘어서 기존의 정치와 사회 그리고 산업구조의 근본을 바꾸고. 종국에는 국가 운영체제의 변화까지 예고하고 있다. 예를 들어 인공지능에 의한 자동화가 30년 안에 미국의 고용을 70% 감축시킬 수 있다고 한다. 이러한 예측은 오랫동안 인류문명의 기축을 이뤄왔던 인간의 노동에 대해 심각한 위협을 암시한다. 그런데 생산에 있어 로봇이 차지하는 비율이 세계에서 가장 높은 나라가 바로 대한민국이란 점을 안다면 위기감은 배가된다. 우리나라의 고용 위기가 상대적으로 높을 가능성이 크기 때문이다. 과거 산업사회에서 자동화된 기계는 인간의 노동에 대한 보조 역할에 그쳤다. 그러나 인공지능사회에서의 자동화는 아예 노동의 기회 자체를 없앤다는 점에서 문제의 차원을 달리한다. 그렇다면 이 같은 변화의 흐름 속에서 공예는 과연 어떤 위상으로 고도화된 인공지능 시대와 공존할 수 있을까? 아니 원천적으로 그 같은 공존이 과연 가능하기나 한 것일까?

그런데 이 같은 고용의 위기를 그동안 호구지책을 위한 노동. 단지 경제적 목적만을 위한 노동으로부터 인류가 해방되는 계기로 받아들이면 어찌 될까? 이는 오래전부터 인류가 꿈꿔왔던 유토피아의 세계 즉, "일하지 않는 자는 먹지 말라"는 노동윤리에서 벗어나 인간이 자신의 인격적 충동을 발현할 수 있는 노동문화를 갖게 된다는 것을 의미한다. 대표적으로 프랑스의 철학자 베르나르 스티글레르는 고용의 종말이 오히려 노동의 본질적 가치와 의미를 회복하는 계기가 될 수 있다고 주장한다. 왜냐하면 이제껏 고용은 단지 생존 수단이거나 개인 또는 기업의 경제적 이윤 가치를 추구하는 것에 그쳤기 때문에 더는 존재할 가치가 없다는 것이다. 차라리 자동화에 맡기는 편이 낫다는 것이다. 그러면 그가 원하는 노동의 형태는 무엇인가? 본질적 의미에서 노동은 나의 개인화에 이바지하는 '앎'으로서의 활동과 타인들의 독특성을 수립하는 데 이바지하는 활동이어야 한다는 것이다. 이 지점에서 우리는 자연스럽게 공예를 떠올리게 된다. 무엇보다도 공예는 생산의 자율성과 이를 통한 개인적인 생명발현이 가능하기 때문이다. 그다음으로 공예의 실용성은 생산활동이 단지 개인의 나르시스적 창작행위에 그치지 않고 사물을 통한 인격적 만남을 통해 타자의 독자성을 추구하는 데 있어서 도움을 주기 때문이다. 인공지능사회가 비인간적인 노동으로부터 인간을 해방시키고 이를 계기로 자유를 얻기 위한 노동문화로 진화하는 데 있어 공예의 역할이 기대되는 것은 이런 특성 때문이다. 그러나 이런 공예의 생산활동이 특정 전문가 영역에 그쳐서는 안 된다. 시민의 참여를 통해 더욱 일반화된 노동문화로 넓혀 가야 한다. '나만의 도자기 만들기'는 이 같은 일에 작은 보탬이 되고자 기획된 책이다. 따라서 본 책이 독자와 함께 새로운 세상을 열어가는 데 있어 좋은 길잡이가 될 수 있기를 바란다.

2023년 6월 강화 담락재(湛樂齋)에서
정 연 택

CONTENTS

01

1장 도자기의 이해

1	도자기란 무엇인가?

도자기는 점토를 갖고 용도에 맞게 성형한 후, 높은 온도에서 구워 만든 기물을 가리킨다. 도자기의 용도는 식기는 물론이고, 건축에 쓰이는 타일, 화장실에 필요한 위생도기 등 다양하다. 심지어 인공치아를 만드는 재료에도 쓰이며, 신소재(New Ceramic)의 경우엔 인공위성 제작에도 활용되고 있다. 이렇듯 도자기 재료와 제작 기술은 먼 옛날부터 오늘에 이르기까지 다양한 용도로 활용되고 있다. 제작 조건에 따라서 토기, 도기, 석기, 자기 등으로 분류되며, '도자기'란 용어는 이 모든 종류를 종합한 합성어로 이해하면 된다. 분류기준은 기본적으로 도자기를 굽는 소성 온도에 따라 나뉘며 내용은 아래와 같다. 소성 온도가 높을수록 내구성이 높으며, 수분 투과율이 낮아 식기로 사용하는 데 적합하다.

분류	소성 온도	특성
토기	700~1000℃	수분 흡수율이 높으며, 화분과 기와 등에 쓰인다.
도기	1100~1200℃	식기류와 위생도기, 내장타일 등에 쓰인다.
석기	1200~1250℃	일반적인 도자공예품과 외장타일 등에 쓰인다.
자기	1300℃ 내외	일반적인 도자공예품과 고급식기 등에 쓰인다.

2 | 도자기의 기본 재료

1) 소지(素地)

도자기는 흙으로 빚어 만든다. 그러나 모든 흙이 도자기가 될 수 있는 것은 아니다. 도자기를 만들 수 있는 흙이 되려면 다음과 같은 조건을 갖춰야 한다. 첫째, 점력(粘力) 또는 가소성(可塑性)이 좋아야 한다. 원하는 형태를 용이하게 성형하기 위해서다. 둘째, 수축률이 낮아야 한다. 수축률이 높으면 건조와 소성과정에서 형태가 변형되거나 균열이 발생하기 때문이다. 셋째, 내화도(耐火度)가 높아야 한다. 도자기는 높은 온도에서 구워야 하므로 고온에서 견딜 수 있는 흙이어야 한다. 이러한 조건을 갖춘 천연상태의 흙을 '점토(粘土)'라고 한다. 그러나 이 같은 천연상태의 점토가 도자기를 만드는데 모두 완벽할 순 없다. 따라서 이를 보완하기 위해 다른 광물을 혼합해 만들어진 것이 '소지'다. 도자재료상에서 구입할 때는 '소지'라는 용어 보단 'OO토'라는 명칭을 사용하고 있다. 예를 들어 '청자토', '백자토', '분청토' 등으로 불린다.

소지 조합의 사례

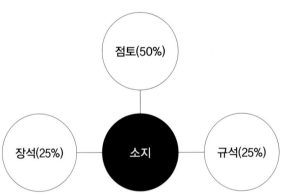

천연의 점토에 가소성을 높이거나 수축률을 낮추는 등, 부족한 성질을 보완하기 위해 기타 다른 광물을 조합해 사용한 소지 조합의 사례

소지 = 점토 + 기타성분 (내구성+융제+소결)

일반적으로 공방에서 사용되는 점토소지의 종류는 아래와 같다.

①백자토

점토의 종류에 따라 약간의 차이는 있지만, 소성 후에는 소지의 색상이 하얗다. 조선시대 백자 제작에 사용되었으며, 소지의 강도가 높아 오늘날 식기생산에 주로 많이 사용된다.

②청자토

소성 후에 소지의 색상이 갈색을 띤다. 고려시대 청자를 제작할 때 사용되었으며, 가소성이 좋아 백자토에 비해 손으로 빚거나 물레 성형을 할 때 좋다.

③분청토

조선시대 분청사기를 제작할 때 사용되었으며, 소성 후에 짙은 갈색을 나타낸다. 가소성이 좋아 손으로 빚거나 물레로 성형하기가 쉽다.

④옹기토

옹기토의 사용은 삼국시대로 거슬러 올라가며, 음식 저장용 도구에서부터 건축에 이르기까지 다양하게 사용되어 왔다. 소성 후 갈색을 나타내며, 강도는 낮으나 가소성은 뛰어나다.

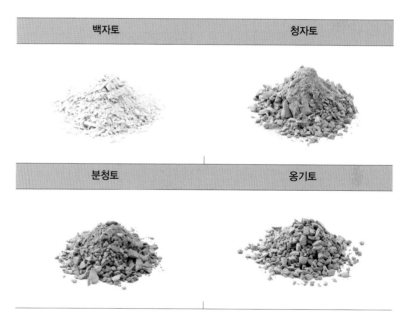

| 백자토 | 청자토 |
| 분청토 | 옹기토 |

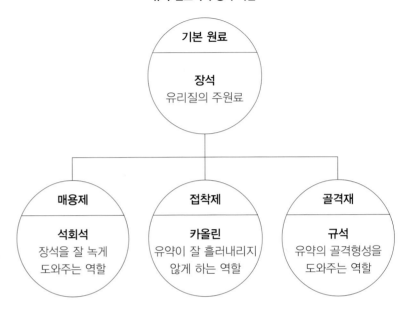

유약 원료의 구성과 역할

기본 원료

장석
유리질의 주원료

매용제

석회석
장석을 잘 녹게
도와주는 역할

접착제

카올린
유약이 잘 흘러내리지
않게 하는 역할

골격재

규석
유약의 골격형성을
도와주는 역할

2) 유약(釉藥)

유약은 도자기의 특성을 외관상 가장 잘 드러내는 요소며, 소지의 표면에 얇은 유리질의 피막을 입힌 것을 가리킨다. 유약의 기능은 첫째, 물이 투과되지 않게 함으로써 음식물 보관을 용이하게 해 준다. 둘째, 위생적으로 청결함을 유지하며, 셋째, 외관상 아름다움을 표현하는 데 중요한 역할을 한다.

유약의 기본재료는 장석이 사용되며, 장석을 잘 녹게 하기 위해 석회석, 마그네슘, 백운석, 활석, 탄산바륨 등이 사용된다. 또한 유약이 잘 흘러내리지 않게 하기 위해 카올린, 와목점토 등이 사용되며, 마지막으로 유약의 골격을 형성하기 위한 재료로서 규석이 사용된다.

장석	석회석

카올린	규석

기본 유약은 원료를 아래와 같은 비율로 조합해서 만들 수 있다. 원료의 조합 비율에 따라 유약의 특성이 다르게 나타나며, 실험을 통해 유약 원료의 성질과 역할을 이해하는 데 좋은 학습 방법이 된다.

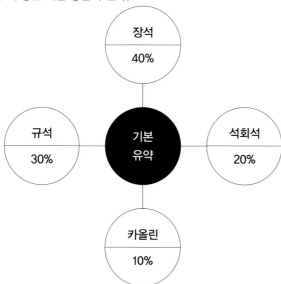

그리고 이 같은 기본 유약에 착색제를 첨가하면 다양한 색상의 유약을 만들어 사용할 수 있다. 착색재에는 일반산화물 종류로 철(Fe_2O_3), 코발트(CoO, Co_2O_3), 동(CuO, $CuCO_3$) 등이 있으며, 다양한 색상의 고화도와 저화도의 안료가 있다. 안료를 구입해 사용할 때에는 고온용과 저온용을 구분해서 구입해야 한다. 유약의 색상은 착색제의 첨가 비율에 따라 달라진다. 따라서 제작자가 원하는 유약의 색상을 얻기 위해선 첨가비율에 따른 실험과정이 필수다.

① 산화물

탄산코발트	Blue 계열	산화철	Brown 계열

이산화망간	Purple & Brown 계열	산화동	Green & Red 계열

② 안료

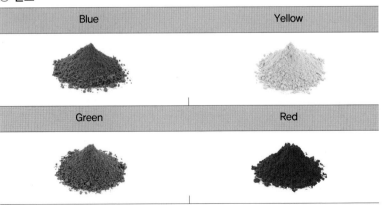

Blue	Yellow

Green	Red

유약의 종류는 아래와 같이 분류된다.

① 외관상의 특성에 따른 분류

종류	유약의 특성
투명유	광택이 있고, 투명해서 소지의 표면이 잘 보인다.(조선시대의 청화백자)
무광유	광택이 없다.
실투유	유약에 결정물질이나 녹지 않은 물질로 인해 뿌옇게 보인다.
유탁유(유백유)	유약의 뚜렷하지 않은 모양의 결정으로 인해 뿌옇게 보인다.
결정유	소성 또는 소성 후 냉각과정을 통해 유약에 여러 모양의 결정체가 만들어진다.

② 소성 온도에 따른 분류

분류	소성 온도
저화도 유약	900℃ ~ 1120℃
중화도 유약	1140℃ ~ 1300℃
고화도 유약	1320℃ ~ 1530℃

3	도자기의 제작 과정

도자기 제작 과정은 먼저 재료를 준비하고 성형을 한 후 건조 과정을 거치게 된다. 건조가 완료되면 가마에 재임하고 800℃ 내외에서 초벌구이 한다. 초벌구이를 통해 기물의 강도는 높아지고 흡수율도 좋아져 유약작업을 하기에 좋은 상태가 된다. 시유를 마친 기물은 다시 재벌구이를 통해 1250℃ 내외의 고온에서 소성된다. 우리가 일상생활에서 흔히 사용되는 도자기는 기본적으로 이 같은 과정을 통해 만든다. 그리고 각각의 과정엔 오랜 역사를 통해 축적된 다양한 기술이 있으며, 이를 통해 여러 형태의 아름다운 도자기가 탄생하게 된다.

도자기의 기본 제작 과정

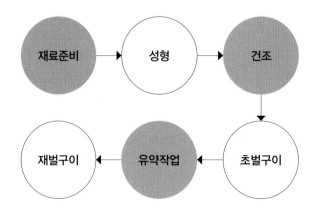

4 | 도자기의 기본형태와 구성요소

도자기의 기본형태에는 접시, 발(사발 또는 대접), 항아리(호), 병이 있다. 형태를 구분하는 기준은 아래 그림과 같다. 원 안에서 그릇이 차지하는 높이의 비율에 따라 형태가 구분된다.

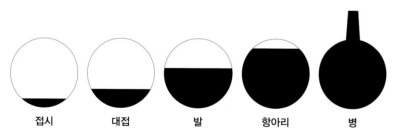

접시   대접   발   항아리   병

그릇의 구성요소는 사람의 인체에 비유해서 표현되며, 바닥 부분 굽에서부터 시작해서 엉덩이, 배, 어깨, 목, 입 등으로 불린다.

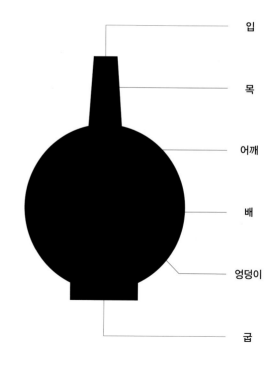

입

목

어깨

배

엉덩이

굽

5 도자기 제작을 위한

도구 및 기계설비

1) 일반 도구

● M.S.흙자름줄

여러 경우 흙을 자를 때 사용한다. 특히 물레 성형 시 완성된 기물을 물레에서 분리해 낼 때 사용한다.

● MS 헤라

물레 성형 할 때 주로 사용한다. 기물의 안쪽과 바깥면, 특히 바닥면의 형태를 잡아주거나 고르게 다듬어 줄 때 사용한다.

● PE 롤 비닐

도자기를 성형한 후, 오랫동안 외부에 노출되어 있으면 쉽게 건조되어 다음 작업에 어려움을 겪게 된다. 이때 비닐을 덮어두면 적절한 건조상태를 유지할 수 있다. 롤 비닐의 규격은 두께 0.1mm 내외, 폭 80cm 정도가 적당하다. 성형된 기물을 각각 보관할 때에는 투명한 비닐봉지를 사용하는 것이 편리하다.

● 고무붓

붓이 고무질로 되어 있어 탄력성이 좋으며, 기물의 표면을 문질러 정리하는데 편리하다. 특히 머그잔에 손잡이를 붙일 때, 접합 주변을 잘 문질러 다져주면 균열을 방지할 수 있다.

● 고무전대

물레 성형 할 때 기물의 입 부분을 정리할 때 사용한다.

● 광목천

도판을 제작할 때 광목천을 나무판 바닥에 깔아주면 완성된 도판을 분리할 때 편리하다. 또한 완성된 기물, 특히 큰 접시나 사발을 천 위에 올려놓고 건조시키면 수축과정에서의 마찰계수가 낮아져 형태가 변형되는 것을 방지해 준다.

● 굽칼

물레 성형으로 만든 기물을 반건조시킨 후, 굽을 깎을 때 사용한다.

(1장 Tip1 참고 37p)

● 나무밀대

일정한 두께의 넓이를 지닌 도판을 만들 때 사용한다.

● 납작붓

붓의 탄력성이 좋아 기물을 접합시키고 다듬을 때 주로 사용된다. 접합 부분에 이장을 바르거나 붓대 끝부분을 이용해 표면을 다듬을 때 사용하면 편리하다.

● 물통

도자기를 만들 때 물의 사용은 필수적이며, 사용 빈도수가 높기 때문에 물통을 가까이 놓고 작업하는 것이 편리하다. 때론 유약을 담아 사용하기도 한다.

● 둥근 굽칼

물레 성형으로 만든 기물을 적당히 건조한 후, 굽을 깎는 데 쓰인다. 특히 곡면을 깎을 때 편리하다.

● 방진 마스크

도자기 작업 과정엔 분진이 많이 발생한다. 몸에 해로운 분진 발생이 예상되는 경우엔 마스크 착용이 필수다. 특히 작업공간을 청소할 때는 반드시 착용해야 한다.

● 막대 스펀지

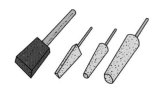

손이 닿기 어려운 곳. 또는 세밀한 부분에 유약을 닦아내거나 물기를 제거하는 데 사용한다.

● 비닐봉지

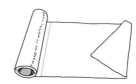

건조 과정에서 적정한 건조상태를 유지하기 위해 쓰인다. 특히 기물을 낱개로 포장해서 보관하면 다음 공정까지 적절한 건조상태를 유지할 수 있다.

● 모델링 나무도구

형태를 만들거나 다듬을 때 사용한다.

● 사각 고무통

유약을 보관하거나 굽을 깎은 후에 나오는 점토를 보관할 때 사용된다.

● **속파기 도구**

다양한 기물의 형태를 만들거나 다듬을 때 사용된다. 굽깎기에 쓰이기도 한다.

● **손물레**

손물레의 회전 기능은 여러 방식의 성형 또는 장식을 할 때 편리하게 사용된다.

● **스프레이**

도자기 제작 과정에서 건조상태를 관리하는 것이 무엇보다 중요하다. 스프레이는 필요에 따라 기물에 수분을 공급하는 데 사용된다.

● **원형 나무판**

원형 나무판을 바닥에 놓고 그 위에 성형을 하면 이동과 보관이 편리하다. 특히 물레를 이용해 대형기물을 성형할 때, 원형 나무판을 물레 위에 고정시키고 제작하면 성형된 기물을 물레에서 분리시키고 보관할 때 좋다.

● **원형 스펀지**

물레 성형 과정에서 바닥의 물기를 제거하고 정리하는 데 주로 사용한다. 유약을 입히기 전 초벌 기물에 묻은 먼지를 닦아내거나 시유 후, 굽에 묻은 유약을 닦아낼 때 사용한다.

● **쇠자**

크기를 재거나 형태를 재단할 때 사용되며, 평면을 고르게 정리할 때에도 쓰인다. 특히 석고작업 시 석고틀 표면을 다듬고 정리할 때 사용하면 좋다.

● **창칼**

기물을 자르거나 다듬을 때 쓰인다. 물레 성형 시 기물의 입 부분을 정리할 때 사용하기도 한다. 창칼 뒷부분의 톱날은 접합 부분에 흠집을 내는 데 사용한다. 흠집에 이장을 바르고 접합시키면 보다 단단하게 붙는다.

● **컴퍼스**

그릇 입 부분의 직경을 잴 때 사용한다.

2) 석고작업 기본 도구

● **고무그릇**

석고와 물을 혼합할 때 쓰인다.

● **사각 망사포**

석고의 표면을 다듬거나, 초벌이 된 기물의 표면을 다듬을 때 사용한다. 원형 망사포도 있다.

● **고무망치**

석고틀을 분리하기 위해 가벼운 충격이 필요할 때 쓰인다.

● **석고 고무밴드**

석고틀을 결합 고정할 때 사용한다.

● **구두칼**

석고원형이나 틀을 다듬을 때, 또는 석고작업 후 주변을 정리할 때 사용하면 편리하다.

● **석고 벨트**

비교적 크기가 큰 석고틀을 결합 고정할 때 사용한다.

● **면도솔**

카리비누와 같은 석고이형제를 바를 때 사용한다.

● **스테인리스 헤라**

석고표면을 다듬을 때 사용한다. 유약표면을 다듬을 때에도 사용한다.

● **미니석고대패**

석고의 표면을 다듬을 때 사용한다. 대패의 형태는 바닥면이 평면인 것과 곡면으로 된 것이 있다.

● **플라스틱 체**

석고가루를 곱게 치거나 이물질을 걸러내는 데 쓰인다.

● 스펀지 사포

석고나 초벌구이 기물의 표면을 다듬을 때 사용한다.

● 조각도

석고를 조각하거나 다듬을 때 사용한다.

● 아크릴판1

석고액을 붓기 위한 형틀을 만들 때 사용한다. 원형의 형틀이 필요할 때에는 OHP 필름지를 사용한다.

● 종이 & 천사포

석고표면을 곱게 다듬을 때 사용하며, 물을 함께 사용하면 편리하다. 이밖에 초벌된 기물의 표면을 다듬을 때에도 사용한다.

● 아크릴판2

크기가 큰 석고형틀을 작업할 때 사용한다. 형틀은 클램프로 고정한다.

● 카리비누

석고 탈형을 위해 석고 표면에 바르는 재료로서 젤 상태로 되어 있다. 물에 풀어서 사용한다.

● 우레탄봉

고무그릇을 사용해 석고가루와 물을 혼합할 때 사용한다.

● 클램프

석고작업에서 비교적 큰 형틀을 고정할 때 사용한다.

● 접목도

석고원형 또는 석고틀을 제작하거나 다듬을 때 사용한다.

3) 유약작업 기본 도구

● 목체	원료를 조합해 유약을 만든 후, 입도를 일정하게 유지하거나 이물질을 걸러낼 때 사용한다. 일반적으로 150목 또는 180목의 체를 사용한다.	

● 목체 — 원료를 조합해 유약을 만든 후, 입도를 일정하게 유지하거나 이물질을 걸러낼 때 사용한다. 일반적으로 150목 또는 180목의 체를 사용한다.

● 유발 — 유약원료나 착색재를 곱게 갈 때 사용한다.

● 방석스펀지 — 가마에 재임하기 위해 굽을 닦을 때 사용한다. 방석스펀지에 물을 넉넉히 적셔 사용한다.

● 유약분무기 — 분무기에 유약을 넣고 입으로 불어서 유약을 입힐 때 사용한다.

● 스프레이건 — 공기압을 이용해 유약을 입힐 때 사용된다. 공기압은 컴프레셔(compressor)를 통해 얻는다.

● 인조잔디 — 유약을 입힌 후, 기물을 인조잔디에 올려 놓으면 굽 부분에 유약이 두껍게 맺히는 것을 방지한다.

● 시유집게 접시용 — 접시 종류의 기물을 시유할 때 사용한다.

● 인페라 — 전동드릴에 장착해 유약을 골고루 섞을 때 사용한다.

● 시유집게 컵용 — 컵과 같은 종류의 기물을 시유할 때 사용한다.

● 저울 — 유약원료의 무게를 잴 때 사용한다.

● 알루미늄 사각쟁반 — 물에 적신 방석스펀지를 올려놓고 사용할 때 쓰인다. **(1장 Tip2 참고 38p)**

● 전동드릴 — 유약 또는 이장을 만들거나 사용할 때 쓰인다.

● 원형 고무통 — 유약을 저장하거나 시유할 때 사용한다. 운반구에 올려놓고 사용하면 이동이 편리해서 좋다.

4) 물레작업 기본 도구

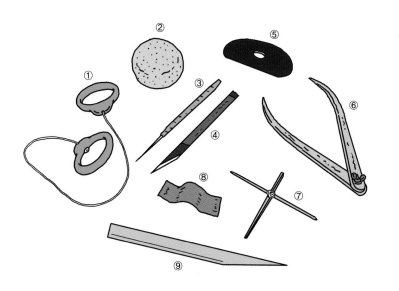

① **흙자름줄**　성형을 마친 후, 기물을 물레에서 잘라낼 때 사용한다.

② **원형스펀지**　성형 중간에 기물의 물기를 닦아내거나 표면을 다듬을 때 사용한다.

③ **젓가락 창칼**　성형 중에 그릇의 수평을 맞추거나 기물을 떼어 낼 때 사용한다. 젓가락 창칼은 그라인더로 젓가락 끝을 가늘게 갈은 후 손잡이 부분은 절연테이프로 감아 사용하면 편리하다. **(1장 Tip3 참고 39p)**

④ **창칼**　그릇의 높이를 균일하게 만들기 위해 입 부분을 절단할 때 사용한다. '전칼'로 불리기도 한다.

⑤ **헤라**　그릇의 바닥 면과 바깥 형태를 다듬을 때 사용한다.

⑥ **컴퍼스**　그릇 입 부분의 직경을 잴 때 사용한다.

⑦ **십자가**　그릇 입구의 직경과 바닥 면까지의 내경을 동시에 잴 때 사용한다. 동일한 크기의 그릇을 다량으로 성형할 때 사용하면 편리하다. **(1장 Tip4 참고 40p)**

⑧ **고무전대**　그릇의 형태가 완성된 후, 입 부분을 정리할 때 사용한다.

⑨ **밑가새**　성형된 그릇을 물레에서 떼어 낼 때 사용한다.

5) 장식작업 기본 도구

● **귀얄붓**

도자기 표면에 유약 또는 이장을 입힐 때 사용한다.

● **상감칼**

상감은 성형이 완료된 기물의 표면에 음각의 선을 파고, 그 안에 다른 재료를 채워 넣어 문양을 만드는 장식기법이다. 상감칼은 음각의 선을 만들 때 사용된다.

● **둥근붓**

주로 도자기 표면에 문양을 그릴 때 사용한다. 문양의 특성과 장식기법에 따라 선택할 수 있는 붓의 종류는 다양하다.

● **투각칼**

기물의 안쪽 면까지 뚫어서 모양을 새기는 투각 장식에 사용된다.

● **분청 싸리붓**

백색의 분장을 표면에 입혀 장식할 때 사용하는 붓이다. 싸리붓의 거친 붓 자국은 조선시대 분청사기의 자유분방한 멋을 가장 잘 보여준다.

6) 소성 도구 및 기계

● 가스가마

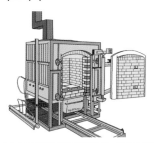

가스를 연료로 사용하는 가마이며, 환원소성을 주로 하는 공방에서 많이 사용하고 있다. 가마의 크기는 작업 내용에 따라 다양한 선택이 가능하며, 소규모의 공방에서 일반적으로 사용하는 가마의 크기는 0.3루베~1루베 정도이다. **(1장 Tip5 참고 41p)**

● 전기가마

전기를 연료로 소성하는 가마다. 주로 산화소성을 하는 경우에 사용하며, 소규모의 공방에선 0.2 또는 0.3루베가 적당하다.

● 내화판

기물을 가마에 재임할 때 사용한다. 사각 내화판은 일반적으로 가로와 세로 길이 350mmx400mm, 400mmx450mm가 주로 사용되며, 가마의 형태에 따라 원형 또는 반원형 내화판이 있다. 내화판 두께의 선택은 기물의 크기나 무게에 따라 달라지며, 일반적으로는 8~9mm를 사용한다.

● 지주

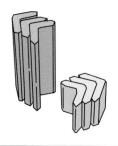

내화판을 쌓아 올릴 때 사용한다. 지주의 크기는 높이 10mm부터 시작해서 300mm까지 있으며, 기물의 크기(높이)에 맞춰 사용한다.

● 방열장갑

소성 후 가마에서 기물을 꺼낼 때 사용한다. 가마 온도를 충분히 낮춘 후에는 일반 목장갑을 여러 겹 손에 끼워 사용해도 된다.

● 환원용 전기가마

전기를 주원료로 사용하나 환원소성시에는 가스연료도 함께 사용한다. 비교적 관리가 용이해 환원소성을 주로 하는 도심의 소규모 공방에서 많이 사용한다.

7) 도자기 작업에 필요한 기계 및 설비

● 건조대

성형한 기물을 건조하거나 보관할 때 사용한다.

● 건조대 (이동식)

성형한 기물을 건조하거나 보관할 때 사용하는 선반. 선반 하단에 바퀴가 부착돼 이동이 편리하다.

● 굽갈이

재벌구이 후, 가마에서 꺼낸 도자기의 굽을 곱게 갈아내는 데 사용한다.

● 그라인더

굽칼, 창칼, 나무 헤라 등 다양한 도구를 만들거나 다듬을 때 사용한다.

● 도판기–수동

일정한 두께의 도판을 만들 때 사용한다. 자동도판기에 비해 힘은 더 들지만, 안전한 편이라 초보자에게 적합하다.

● 도판기–자동

일정한 두께의 도판을 만들 때 사용한다. 수동도판기에 비해 힘은 덜 들지만, 작업 중 안전사고에 특별한 주의가 필요하다.

● **삼발이형 전기물레**

물레 회전판의 직경이 Ø350mm이며, 1마력 크기의 모터를 장착하고 있어서 큰 기물을 성형하기에 좋다.

● **이장 교반기**

소지와 물 그리고 해교제를 혼합해 이장을 만들 때 사용한다.

● **소형 도판기-수동**

일정한 두께의 도판을 만들 때 사용한다. 도판기의 크기가 작아 좁은 공간에서도 작업이 용이하다.

● **전기물레**

물레 회전판의 직경이 Ø300mm이며, 1/2마력의 모터를 장착하고 있다. 일반적으로 가장 많이 사용되고 있는 물레다.

● **소형 진공토련기**

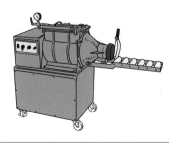

소지의 수분과 입자를 균일하게 만들기 위한 토련과 소지 안에 있는 공기를 없애기 위해 사용한다. 1마력 모터를 사용하며, 토출구의 직경이 Ø90mm이기 때문에 작은 기물을 만들 때 적합하다.

● **전동드릴**

인페라를 전동드릴에 장착해서 유약을 혼합하거나, 이장을 만들 때 쓰인다.

● 제유기

가마에 재임하기 전, 굽에 묻은 유약을 닦아낼 때 사용한다.

● 컴퓨레서

공기압을 이용해 유약을 입히거나(분무법) 석고작업 과정에서 탈형을 할 때 주로 사용한다.

● 석고 진공교반기

석고액을 만들 때 쓰인다. 교반과 더불어 공기를 빼내주는 역할을 한다.

● 포트대

유약 원료를 일정한 크기의 입자로 곱게 만들고자 할 때 포트밀과 함께 사용한다.

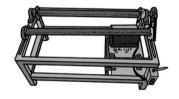

● 진공토련기

소지의 수분과 입자를 균일하게 만들기 위한 토련과 소지 안에 있는 공기를 없애는 역할을 한다. 3~5마력 모터를 사용하며, 토출구의 직경이 Ø120~150mm이기 때문에 큰 기물을 만들 때 적합하다. 소규모의 공방에선 일반적으로 3마력의 진공토련기가 적당하다.

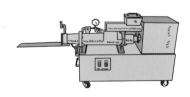

● 포트밀과 세라믹볼

포트밀에 세라믹볼과 유약을 함께 넣은 후, 포트대에 올려놓고 회전시키면 일정한 크기의 입자로 곱게 만들어진다.

tip1

1장 Tip

01 펜치와 굽칼을 준비한다.

02 펜치로 굽칼의 꺾인 부분을 잡고, 앞뒤로 반복해서 움직여주면 칼날 부분이 잘린다.

06 탁상그라인더를 사용해 굽칼의 날을 다시 갈아준다. 이때 양손을 사용해 굽칼이 그라인더에서 튀지 않도록 잡아준다.

07 굽칼은 바깥면보다 안쪽면의 날을 넓게 갈아준다.

08 안쪽면의 날을 먼저 만들어준다.

09 바깥면의 날을 만들어준다.

10 굽칼의 날이 다 만들어지면 펜치를 사용해 'ㄴ'자 모양으로 꺾어 준다.

13 굽칼이 완성되면 고운 사포를 사용해 날을 부드럽게 다듬어 준다.

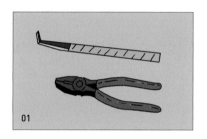

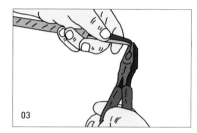

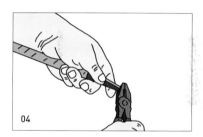

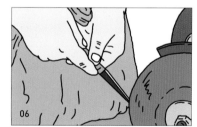

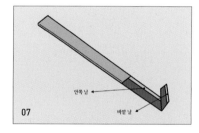

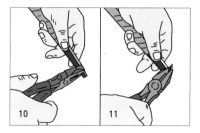

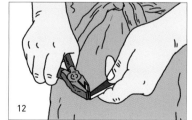

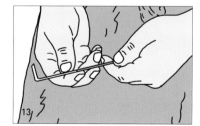

방석스펀지와 알루미늄 쟁반을 갖고 제유도구 만들기

01 알루미늄 쟁반에 방석 스펀지를 올려놓고 물을 넉넉히 부어 적신다.

02 손으로 눌러주면서 스펀지에 물이 골고루 배어들게 한다. 사용하다가 스펀지
    에 유약이 많이 묻히면, 물을 조금씩 부어가면서 스펀지 표면을 훑어내면
    계속 사용할 수 있다. 스펀지를 뒤집어 사용해도 된다.

01 물레를 회전시키면서 성형된 그릇의 아랫부분에 젓가락 창칼을 대각선으로 찔러 넣으면서 자른다.

02 물레를 회전시키면서 처음 창칼을 찔러 넣은 위치보다 아랫부분에 수평으로 창칼을 찔러 넣는다.

03 물레를 천천히 돌리면서 잘린 흙을 제거한다.

05 흙자름줄로 기물의 밑동을 잘라낸다.

06 양손의 집게와 가운뎃 손가락을 사용해 기물을 떼어낸다.

07 준비된 나무판 위에 올려놓는다.

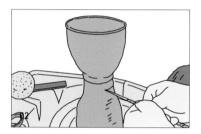

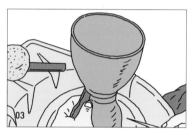

01 ① 대나무를 그림과 같이 그라인더를 이용해 만들고, 기물의 안쪽 깊이가 되는 지점에 드릴로 구멍을 뚫는다.

② 구멍에 맞는 대바늘을 기물의 직경에 맞게 자른 후 양쪽 끝부분을 그림과 같이 정리해 준다. 가운데에 네임펜 등을 사용해 중심을 표시해 둔다.

③ 낚싯줄을 준비한다.

02 준비된 대바늘을 중심에 맞춰 끼워 넣는다.

04 낚싯줄을 사용해 충분히 감아준 후, 고정하기 위해 묶는다.

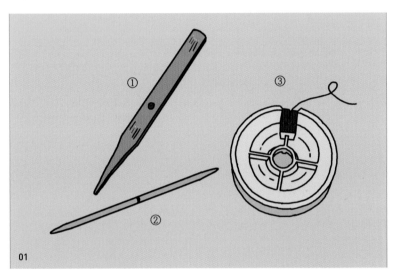

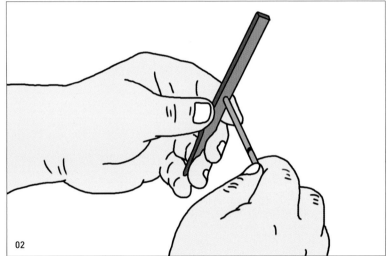

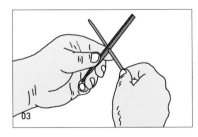

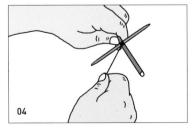

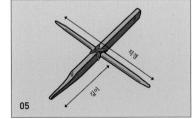

1장 Tip5 | 루베의 단위 계산법

가마의 크기는 목적에 따라 다양한 선택이 가능하다. 일반적으로 소규모의 공방에
서 사용되는 가마의 크기는 0.3루베~1루베 정도이며,
1루베의 크기는 가로x세로x높이가 각 1m의 부피를 가리킨다.

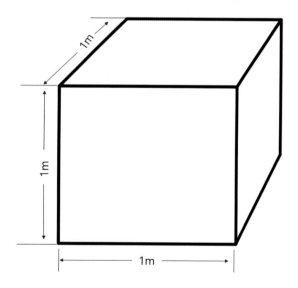

02

2장 도자기 성형하기

1 반죽하기

작업을 하기 전에 소지를 골고루 혼합하고, 소지 안에 있는 기포를 제거하기 위해서 손으로 반죽하는 과정이 필요하다. 진공토련기를 사용할 경우에는 손반죽 과정을 거치지 않아도 된다.

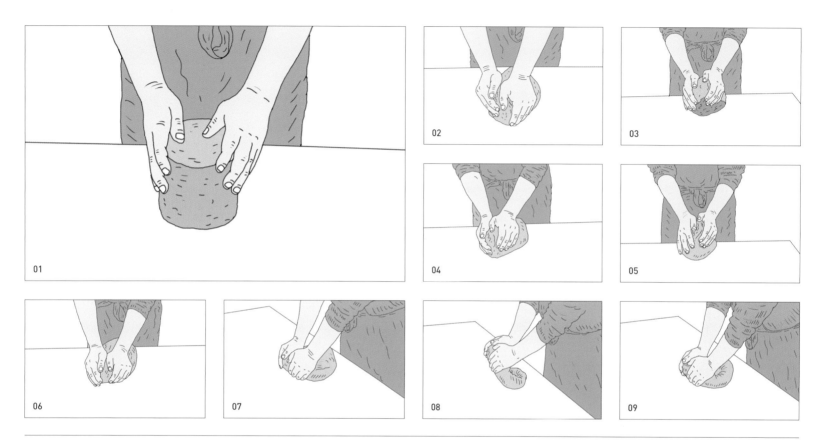

01 필요한 양의 소지를 작업대 위에 올려놓고, 양손바닥을 사용해 골고루 표면을
다듬듯이 두드린다.

02 왼손 손바닥을 사용해 소지 가운데를 앞으로 밀면서 누른다. 오른손은 소지
측면을 가볍게 잡아준다.

03 가볍게 잡아 올리면서 살짝 방향을 틀어준다.

04 동일한 방식으로 반죽 과정을 반복한다.

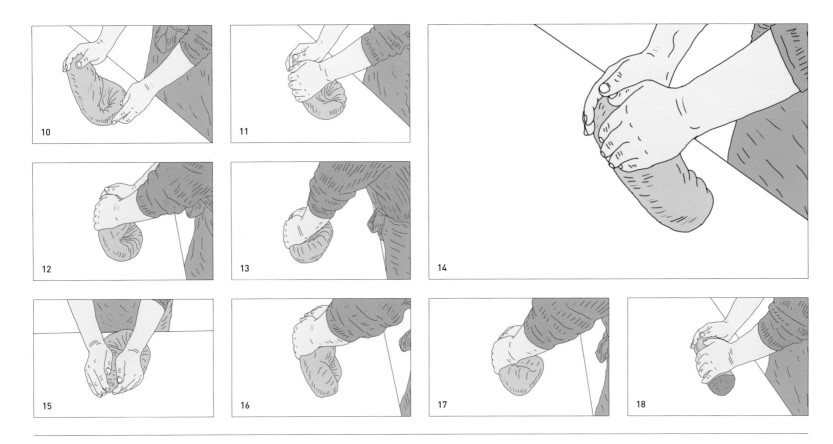

10 잡아 올릴 때, 방향을 조금씩 틀면서 반죽을 하면 그림과 같이 일정한 모양의
    결이 만들어진다.

11 충분히 혼합이 이루어질 때까지 반복한다.

16 어느 정도 반죽이 되었으면 소지를 옆으로 조금씩 기울면서 원통형이 되도록
    굴리면서 다듬는다.

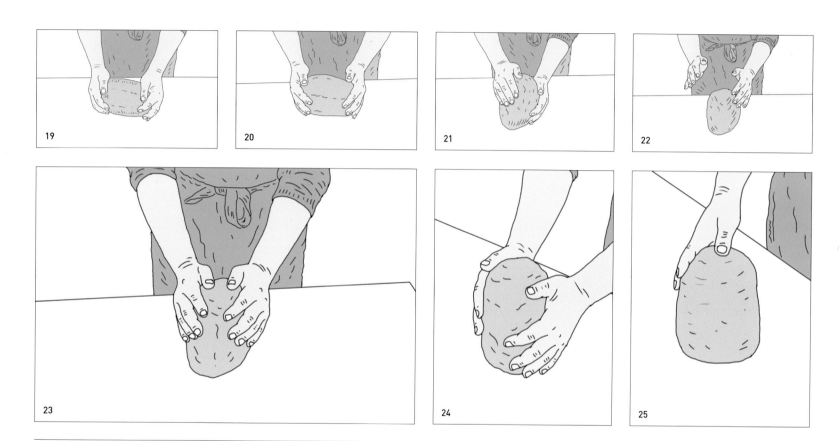

19 작업에 필요한 크기로 만든다.

21 반죽된 소지를 바닥에 세워 놓고 양손으로 가볍게 쳐주면서 정리한다.

2 | 손으로 빚어 작은 잔 만들기

도자기를 만드는 방식에 있어 가장 오래된 기술은 손으로 흙을 빚어 만드는 것이다. 작업공정이 간단해 누구나 쉽게 그릇을 만들 수 있는 장점이 있다. 그러나 손을 빚는 방식이 단지 초보자에게만 국한되는 것은 아니다. 전문적인 도예가의 경우도 많이 사용하는 제작방식 중에 하나다.

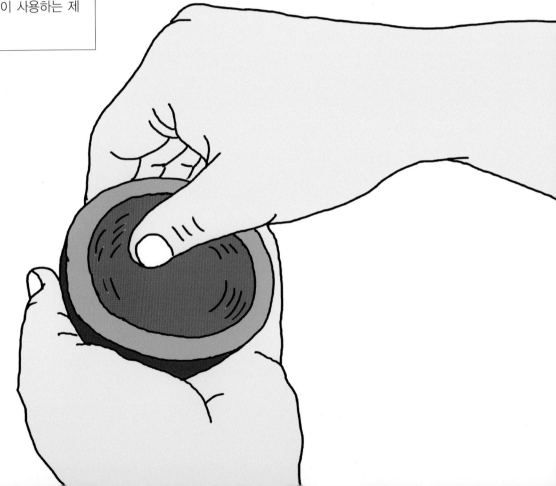

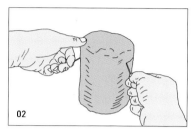

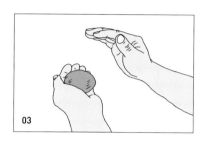

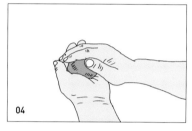

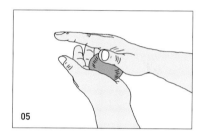

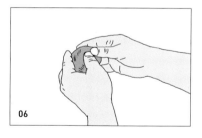

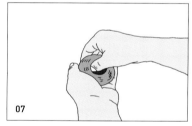

01 창칼, 납작붓, 모델링 나무도구, 스펀지, 흙자름줄, 손물레, 광목천, 소지 등을 준비한다.

02 흙자름줄로 잔 제작에 필요한 만큼 소지를 잘라낸다.

03 소지를 양손으로 두드리거나 비비면서 둥글게 만든다.

06 양손의 엄지손가락을 중앙에 밀어 넣으면서 바닥을 만든다.

07 집게와 엄지손가락으로 소지를 눌러가면서 형태를 키워나간다.

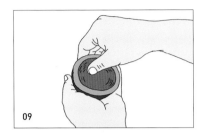

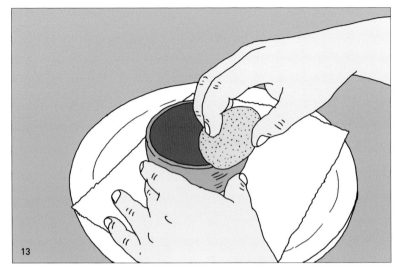

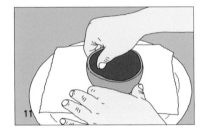

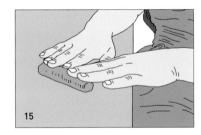

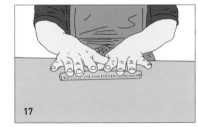

9 손바닥에 올려놓고 집게와 엄지손가락으로 눌러가면서 그릇의 엉덩이와 배
   부분을 성형한다.

10 손물레에 올려놓고 잔의 형태를 만들어 간다. 이때 소지가 바닥에 들러붙는
   것을 방지하기 위해 광목천이나 종이를 깔고 사용하는 것이 좋다.

13 잔의 형태가 완성되면, 물에 적신 스펀지로 그릇의 안과 밖을 다듬는다.

15 굽을 만들기 위해 가래떡 모양의 소지를 준비한다.

17 적합한 굵기가 될 때까지 양손을 사용해 가늘고 길게 늘려 나간다.

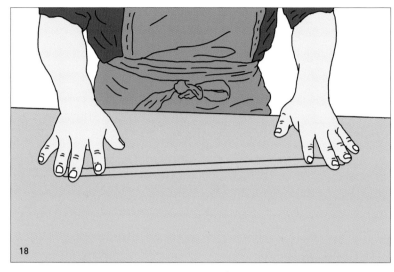

19 적당한 굵기가 되면 필요한 길이만큼 토막을 낸다.

20 성형된 잔을 손물레 위에 뒤집어 놓고, 가래 모양의 소지를 굽의 크기에 맞게
재단한다.

21 굽의 위치를 잡는다.

22 굽을 만들기 위한 부분에 물 또는 이장을 발라줘 굽이 몸체에 잘 붙게 한다.

23 굽의 형태로 말아진 가래를 잔 바닥 면에 올려놓는다.

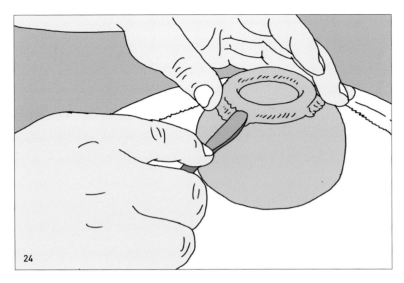

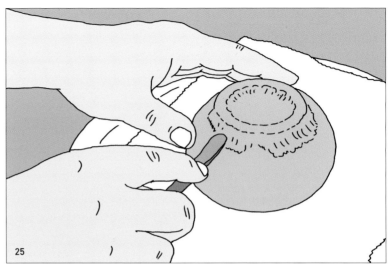

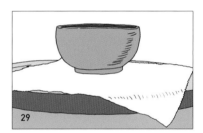

24 굽 형태를 나무도구로 다듬어 만든다.

26 엄지와 집게손가락을 이용해 굽의 형태를 마무리한다.

27 물스펀지로 다듬어 완성한다.

29 건조 과정에서 굽을 붙인 부분에 균열이 있는지 확인하고, 나무도구를 사용해
　　문질러주면 균열을 방지할 수 있다.

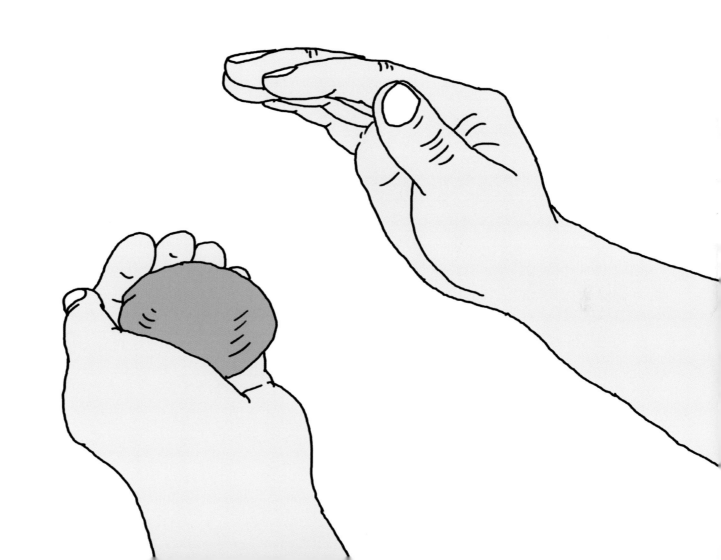

3 | 흙가래 쌓기로 필통 만들기

흙가래 쌓기는 과거 선사시대 토기에서부터 옹기에 이르기까지 오랫동안 사용해 왔으며, 오늘날 현대 도예가들도 자연스럽고 다양한 형태의 기물을 성형할 때 즐겨 사용하는 성형기술이다.

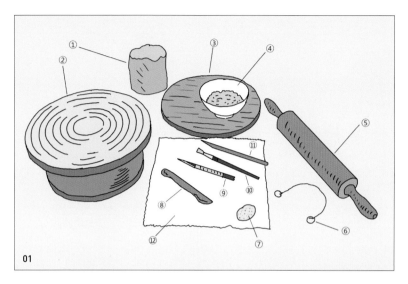

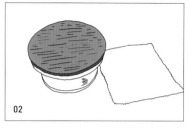

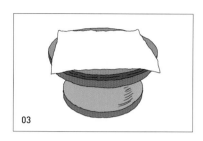

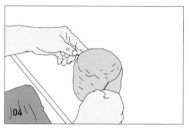

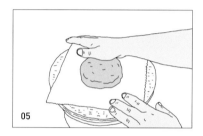

01 준비물: ①소지 ②손물레 ③나무판 ④흙물 ⑤나무밀대 ⑥흙자름줄

⑦원형스펀지 ⑧모델링 나무도구 ⑨창칼 ⑩납작붓 ⑪밑가새 ⑫광목천

02 손물레 위에 원형나무판을 올려놓는다.

03 원형나무판에 광목천을 깔아 놓는다. 나중에 완성된 기물을 쉽게 분리하기 위해서다.

04 필요한 만큼의 소지를 흙자름줄로 잘라낸다.

05 손물레를 돌려가면서, 손바닥을 사용해 소지의 표면을 평평하게 만든다.

06 나무밀대를 사용해 일정한 두께로 만든다.

08 적당한 두께가 만들어졌는지 귀퉁이 부분을 잘라 보면서 확인한다. 두께는 8mm 정도가 적당하다.

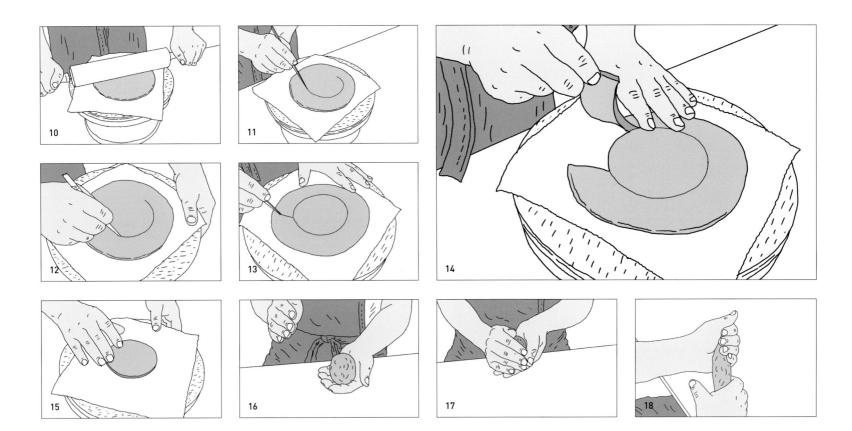

10 적당한 두께가 만들어질 때까지 나무밀대를 사용해 넓게 펼쳐준다.

11 적당한 두께가 만들어졌으면 필통의 바닥 면을 크기를 고려해 밑그림 그린다.

   손물레를 회전시킨 후 창칼 끝을 사용하면 쉽게 원형을 그릴 수 있다.

12 밑그림에 맞춰 창칼로 자른다.

14 바닥 면이 되는 원형의 바깥 부분을 도려낸다.

16 흙가래를 만들기 위한 소지를 양 손바닥을 사용해 던지듯 옮겨 가면서 잘
   다져준다.

18 잘 다져진 소지를 양손을 사용해 주무르면서 어느 정도 길게 늘려준다.

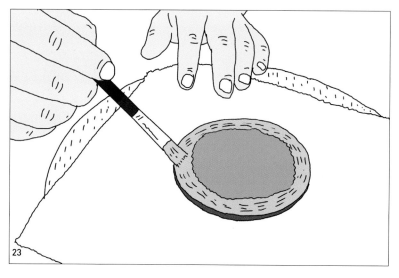

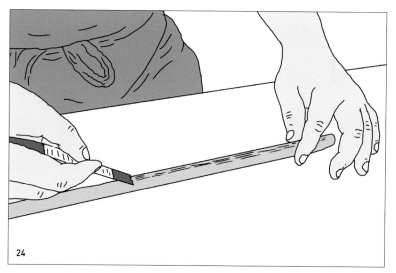

19 작업대 위에 올려놓고, 안쪽에서 바깥쪽으로 양손을 사용해 밀고

 당기면서 가늘고 길게 만든다.

21 창칼 끝 톱니를 사용해 흙가래를 붙일 부분에 흠집을 내준다.

 (2장 Tip1 참고 191p)

22 납작붓에 흙물을 넉넉하게 묻힌다. **(2장 Tip2 참고 192p)**

23 흠집 부분에 흙물을 바른다.

24 흙가래에 흠집을 낸 후, 흙물을 바른다.

25 납작붓을 사용해 흙가래에 흙물을 바른다.

26 엄지와 검지를 사용해 흙가래를 바닥면에 붙여 나간다.

27 흙가래를 2〜3층 정도 쌓아 올리면서 붙여 나간다.

31 나무도구를 이용해 다듬어 준다.

32 창갈 끝을 사용해 흠집을 낸다.

33 흙물을 바른다.

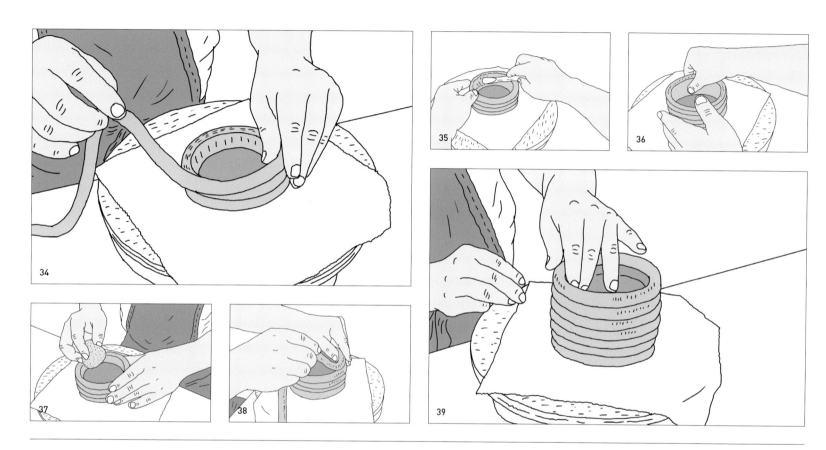

34 준비된 흙가래를 쌓아 올리면서 붙여 나간다.

35 흙가래를 쌓고 다듬기를 반복한다.

42 원하는 크기가 완성되면 나무도구와 스펀지를 사용해 다듬어준다.

43 완성된 후에는 수시로 접합 부분에 균열이 생겼는지 확인하고, 도구를
   사용해 문질러주고 스펀지로 다듬는다.

4 | 도판으로 접시 만들기

1) 도판 만들기

도판이란 흙으로 만들어진 판 모양의 형태를 가리킨다. 도판은 기본적으로 나무밀대와 흙자름줄을 사용해 제작되지만, 생산성을 고려하는 공방에선 도판기와 같은 기계를 사용한다. 도판기에는 수동과 자동이 있는데, 초보자가 자동도판기를 다룰 땐 안전관리상 전문가의 지도가 반드시 필요하다. 도판은 건조와 소성과정에서 변형이 잘 된다. 따라서 두께를 일정하게 만들고 천천히 건조하는게 중요하다.

❶ 나무밀대를 사용해 도판 만들기

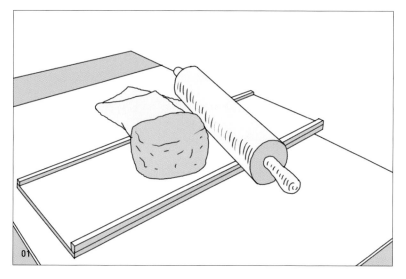

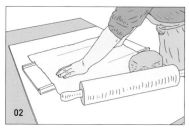

01 양옆에 졸대 나무(두께 8mm 정도가 적합)를 붙인 방수합판(두께 15mm)과 광목천, 나무밀대, 창칼 등을 준비한다.

02 도판을 잘 분리하기 위해 나무 합판 위에 광목천을 깔아 놓는다.

03 준비된 소지를 나무 합판 위에 올려놓고 손바닥으로 두드려 펼친다.

04 손바닥으로 골고루 두드리면서 넓게 펼친다.

07 어느 정도 펼쳐진 상태에서 나무밀대를 사용해 졸대 두께에 맞춰 밀어준다.

08 나무밀대를 사용할 때, 어느 한 쪽 방향으로만 힘이 가해지지 않도록 골고루 밀어준다.

09 양옆으로 밀려 나온 흙은 창칼을 사용해 잘라낸다.

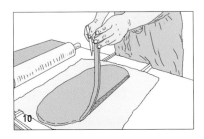   

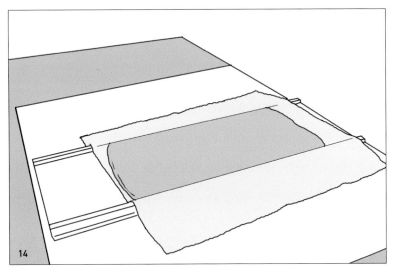 

12 나무밀대를 여러 방향으로 밀면서 골고루 다듬는다. 한쪽으로만 밀면
건조와 소성과정에서 도판이 휘거나 변형될 가능성이 높기 때문이다.

15 도판이 완성되면 조심스럽게 분리해 낸다. 도판을 바로 사용하지 않을
경우엔 비닐에 덮어 보관해 둔다.

❷ 흙자름줄을 사용해 도판 만들기

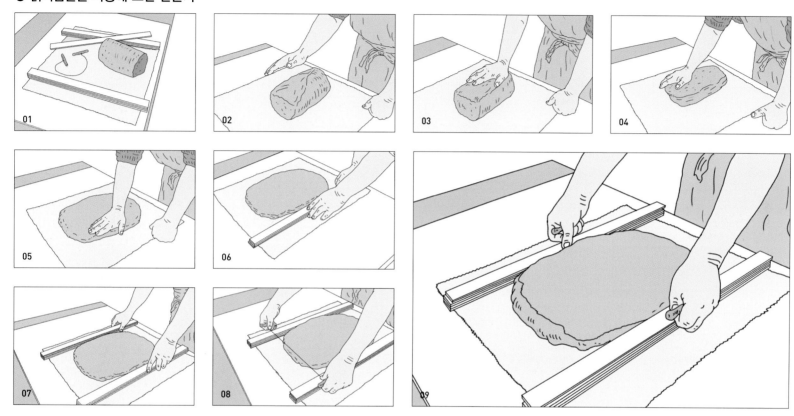

01 광목천과 흙자름줄 그리고 졸대 모양의 아크릴판(40x650x5mm) 또는
　　나무판을 준비한다.

02 작업대 위에 광목천을 깔고 그 위에 소지를 올려놓는다.

03 손바닥을 사용해 두드리면서 평평하게 펼쳐 나간다.

06 어느 정도 평평하게 만들어졌으면 양옆에 졸대 모양의 아크릴판 또는

나무판을 쌓아 놓는다.

08 흙자름줄을 양옆으로 팽팽하게 잡아당긴 후, 가로지르면서 잘라낸다.

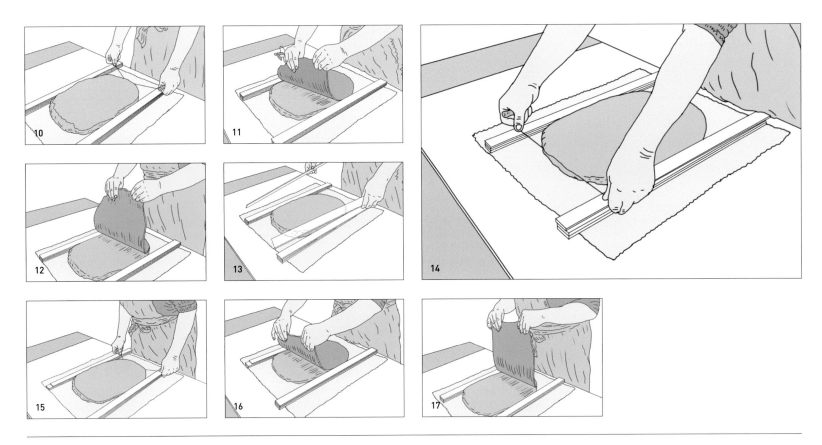

11 흙자름줄로 잘라낸 후 도판을 분리해 낸다.

13 양쪽 졸대를 원하는 두께만큼 제거한다. 두께 5mm 아크릴판을 사용할 경우
한 개를 빼면 두께 5mm의 도판이 만들어진다. 두 개를 뺄 경우에는 10mm
두께의 도판이 된다.

14 처음 했던 방식대로 흙자름줄을 사용해 썰어내듯 자른다.

17 잘린 도판을 조심스럽게 분리해 낸다. 도판을 바로 사용하지 않을
경우엔 비닐에 덮어 보관해 둔다.

2) 사각접시 만들기

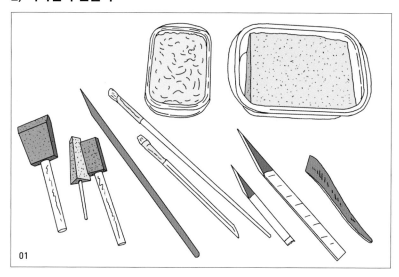

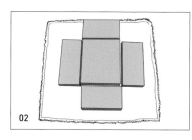

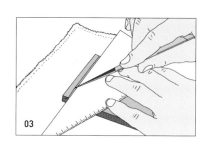

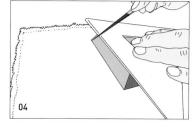

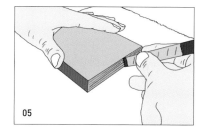

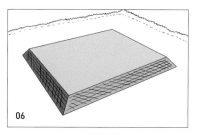

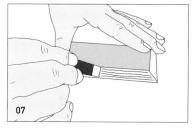

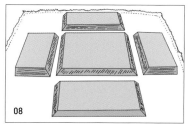

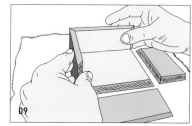

01 막대스펀지, 대나무칼, 납작붓, 창칼, 모델링 나무도구 등을 준비한다. 또한 도판을 붙일 때 필요한 흙물과 물에 적신 스펀지를 플라스틱 통에 담아 준비한다. 흙물은 조금 질게 만들어 사용하는 것이 좋다.

02 접시의 크기와 형태를 고려해서 재단한 도판을 광목천 위에 올려놓는다.

(2장 Tip3 참고 193p)

03 도판의 측면을 45도 각도로 경사면을 이루게 재단한다.

05 재단된 경사면에 창칼 끝 톱니를 사용해 흠집을 내준다. 흠집을 내고 흙물을 바르면 단단하게 잘 붙는다.

09 도판을 붙이기 전에 잘 맞게 재단됐는지 확인한다.

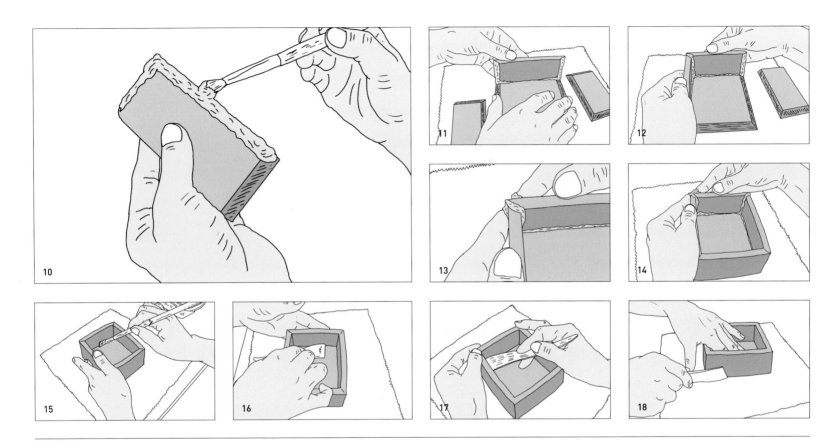

10 납작붓을 사용해 흙물을 넉넉하게 발라준다.

11 한 면씩 붙여나간다. 잘 붙게끔 살짝 힘을 주면서 붙인다.

15 도판을 다 붙인 후에는 접합된 부위에 남아 있는 흙물을 납작붓으로 제거한다.

　　이때 납작붓을 물에 적신 스펀지에 닦아내면서 사용하면 편리하다.

16 나무도구를 사용해 접합 부위를 주의 깊게 다듬어준다.

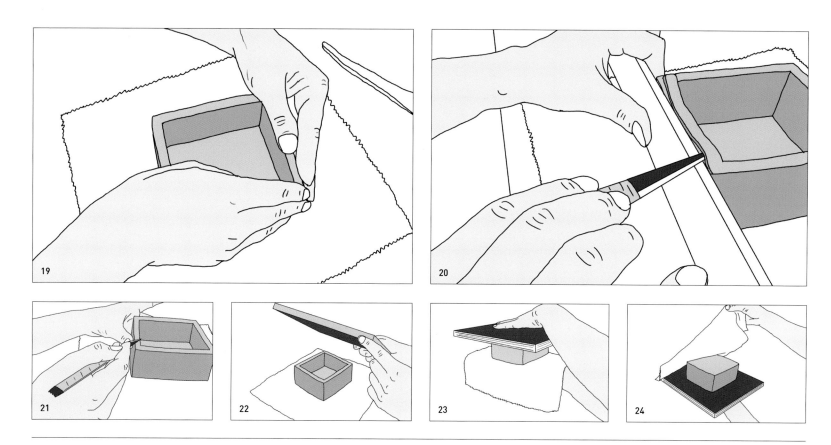

20 높이를 일정하게 만들기 위해 자 형태의 아크릴판을 사용해 재단한다.

22 성형된 사각접시의 전 부분에 나무판을 얹혀 놓는다.

23 양손을 사용해 들어 올린 후 반대로 뒤집는다.

24 뒤집은 상태에서 광목천을 제거한다.

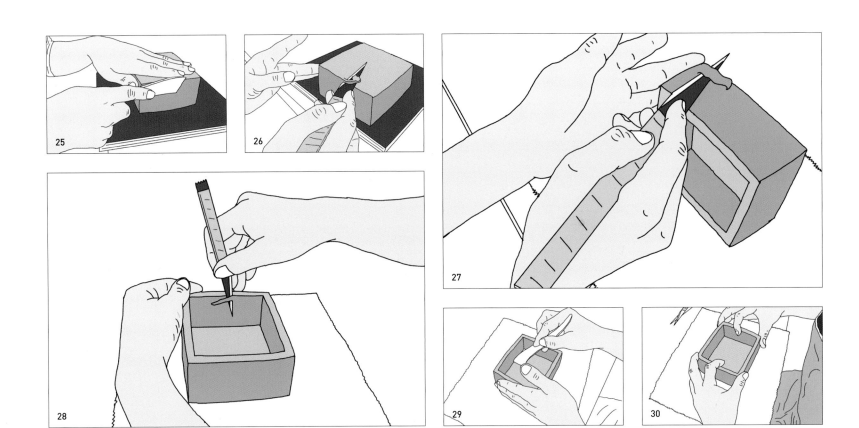

28 창칼과 나무조각도를 사용해 전체적으로 다듬는다.

30 최종적으로 사각접시의 형태가 잘 만들어졌는지 확인하고 부족한 부분은

　　손으로 잡아준다.

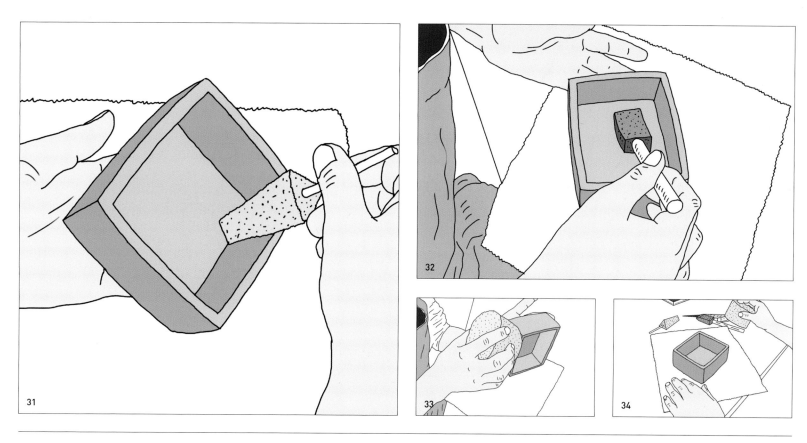

31 막대스펀지와 원형스펀지를 사용해 표면을 고르게 다듬어준다.

34 기물을 완성한 후에도 접합 부위에 실금이 발생할 수 있으니 건조 과정에서

수시로 확인하고 다듬어준다.

3) 원형접시 만들기

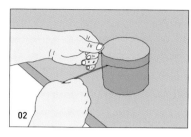

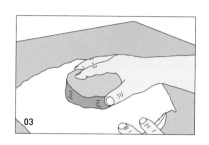

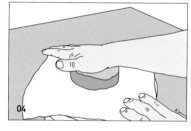

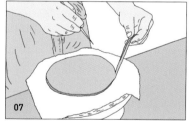

01 손물레, 나무판, 나무밀대, 흙물, 광목천, 원형스펀지, 납작붓, 창칼, 대나무칼, 모델링 나무도구, 흙자름줄 등을 준비한다.

02 접시 바닥을 만들기 위한 소지를 적당량 잘라 낸다.

04 잘라 낸 소지를 손물레 위에 올려놓고 손바닥으로 두드려 평평하게 만든다.

05 나무밀대를 사용해 골고루 밀면서 평평한 원형판을 만든다.

07 끝부분을 잘라내 두께를 확인한다. 바닥면의 두께는 8mm 내외가 적당하다. 물론 접시의 크기에 따라 두께는 더 늘어날 수 있다.

09 적당한 두께가 되면 손물레를 천천히 돌리면서 원하는 바닥 넓이만큼 창칼을 사용해 재단한다.

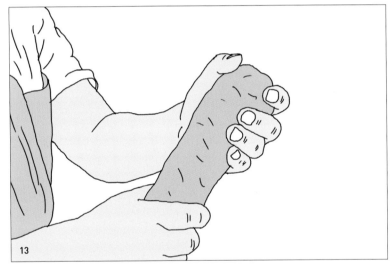

12 바닥면 외곽에 흠집을 내준다.

13 접시의 옆면을 성형하기 위한 흙가래를 양손으로 주물러 만든다.

15 흙가래를 작업대 위에 올려놓고, 양 손바닥을 사용해 앞뒤로 굴리면서 고르게

　　늘려나간다.

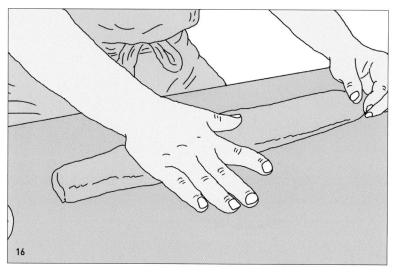

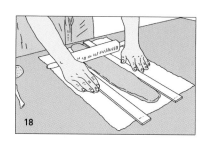

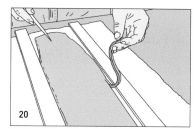

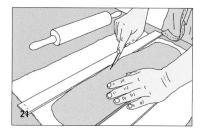

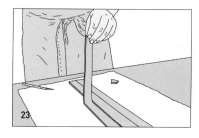

16 손바닥으로 가볍게 두드리면서 도판 형태로 만든다.

18 광목천에 도판을 올려놓고 양옆에 졸대 모양의 아크릴판을 배치한다. 이때
아크릴판의 두께는 5mm 정도가 적당하다. 물론 접시의 크기에 따라 두께도
달리 선택된다.

19 나무밀대를 사용해 아크릴판 두께만큼의 도판을 제작한다.

20 두께가 일정한지 창칼로 잘라서 확인한다.

22 도판이 완성되면 접시 옆면의 높이를 고려해 재단한다.

24 납작붓에 흙물을 충분히 묻힌다.

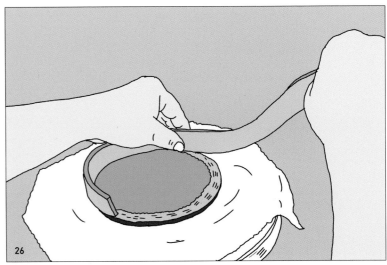

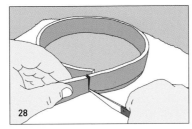

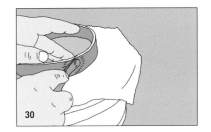

25 납작붓을 사용해 접시 바닥면에 흙물을 바른다.

26 준비된 도판을 돌아가면서 붙인다.

28 시작과 끝부분에 맞춰 도판을 재단한다.

29 엄지와 검지를 사용해 재단한 부분을 가볍게 누르면서 접합시킨다.

30 나무도구를 사용해 전체적으로 다듬는다.

  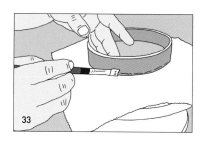

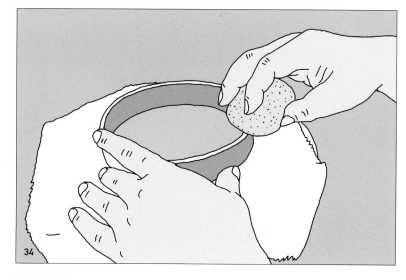 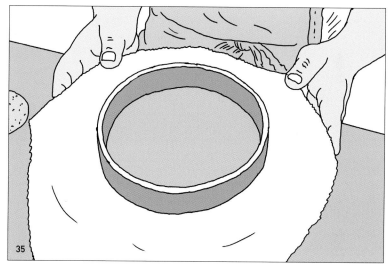

32 납작붓을 사용해 접합 부분을 다듬는다.

34 살짝 물을 먹인 원형 스펀지를 사용해 표면을 문지르면서 고르게 정리한다.

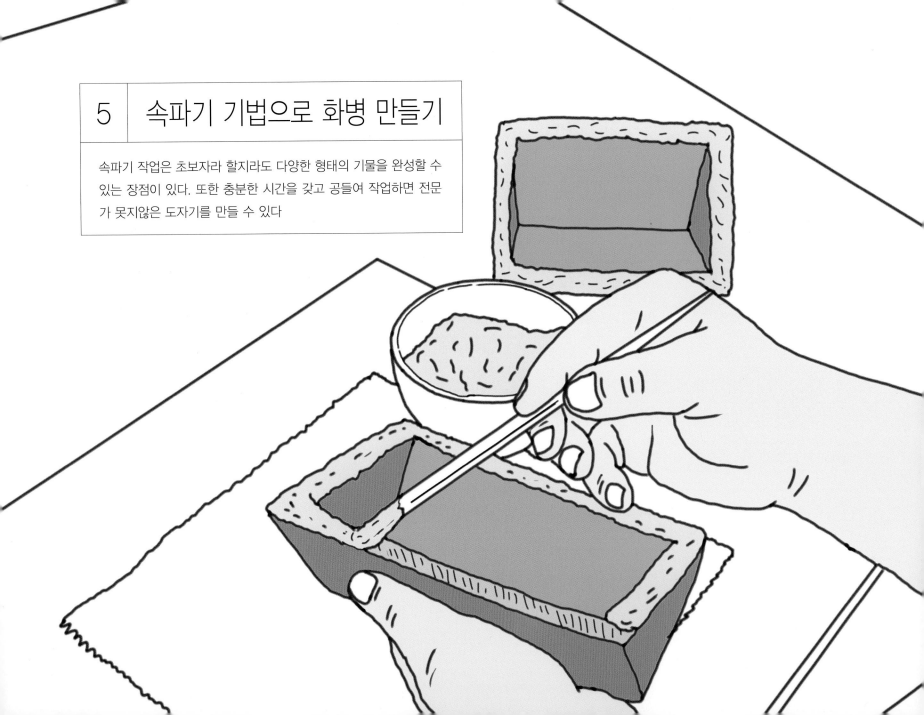

5 속파기 기법으로 화병 만들기

속파기 작업은 초보자라 할지라도 다양한 형태의 기물을 완성할 수 있는 장점이 있다. 또한 충분한 시간을 갖고 공들여 작업하면 전문가 못지않은 도자기를 만들 수 있다

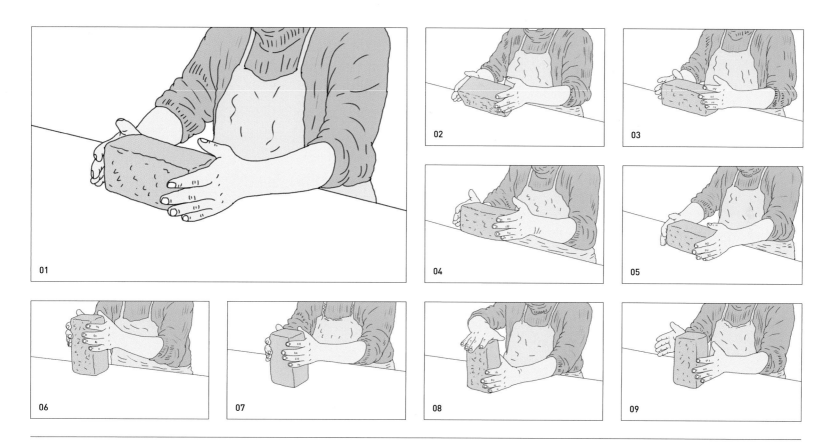

01 사각화병 몸체를 만들기 위한 적당량의 소지를 준비한다.

02 소지를 작업대 위에 굴리면서 육면체를 만든다.

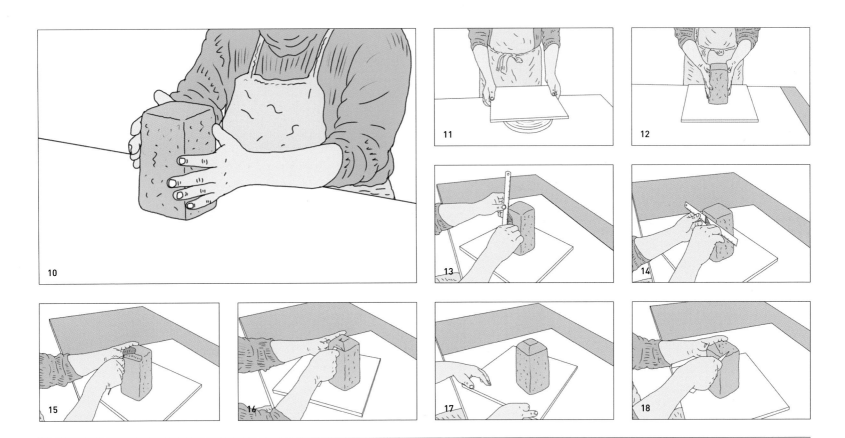

10 양 손바닥으로 두드리면서 화병의 몸통을 대략 만든다. 세부적인 조형작업은 어느 정도 건조한 다음에 한다. 소지가 부드러운 상태에선 세밀한 조형작업 이 힘들기 때문이다.

11 손물레 위에 사각판 또는 원형 나무판을 올려놓는다.

12 반건조시킨 화병 몸통을 나무판 위에 올려놓는다.

13 쇠자를 사용해 화병의 필요한 높이를 재고 나머지 부분은 칼로 자르면서 제거해 나간다.

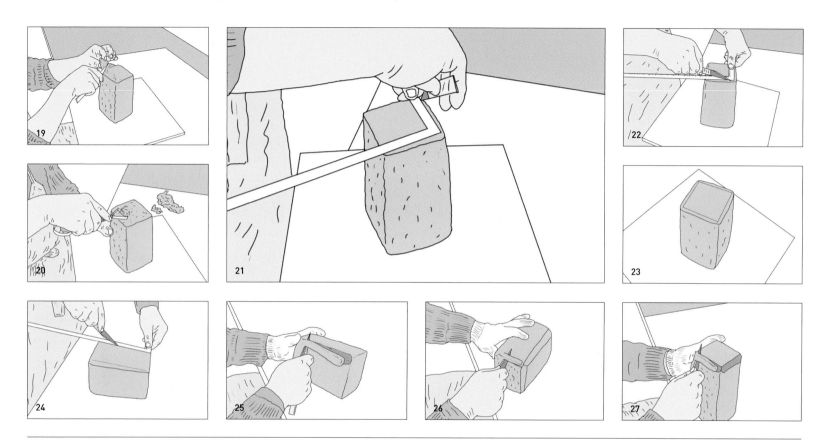

20 속파기 도구를 사용해 화병 윗면의 수평을 잡아준다.

21 직각자를 사용해 원하는 크기의 밑그림(사각형)을 그려 넣는다.

25 밑그림에 맞춰 칼로 자르면서 육면체의 몸통을 만들어 간다.

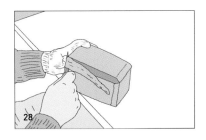

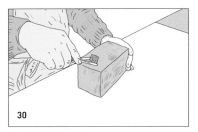

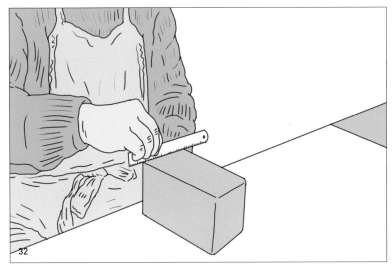

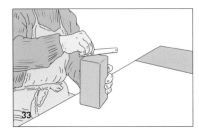

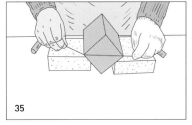

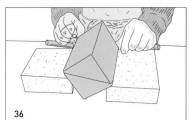

29 속파기 도구를 사용해 균형 잡힌 육면체를 만든다.

31 작은 쇠자(15cm)를 사용해 육면체의 면을 전체적으로 다듬어 준다.

34 육면체가 완성되면 윗면에 대각선을 긋고, 흙자름줄을 사용해 반으로 절단한다.

35 반으로 자를 때에는 기물 양쪽에 흙을 고이거나 스펀지와 같은 부드러운
소재를 받쳐 놓고 작업한다.

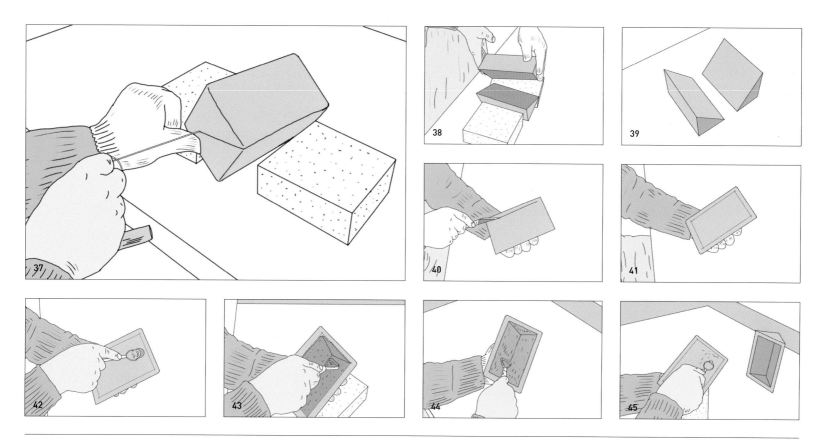

40 반으로 잘린 몸통의 양쪽 단면에 속파기를 위한 밑그림을 그려 넣는다.

이때 화병의 기벽 두께를 염두에 두고 재단해야 한다. 기벽의 두께는 대략

8mm 내외가 적당하다.

42 밑그림이 정해지면 속파기 도구를 사용해 파낸다.

45 나머지 몸통도 속파기를 시작한다.

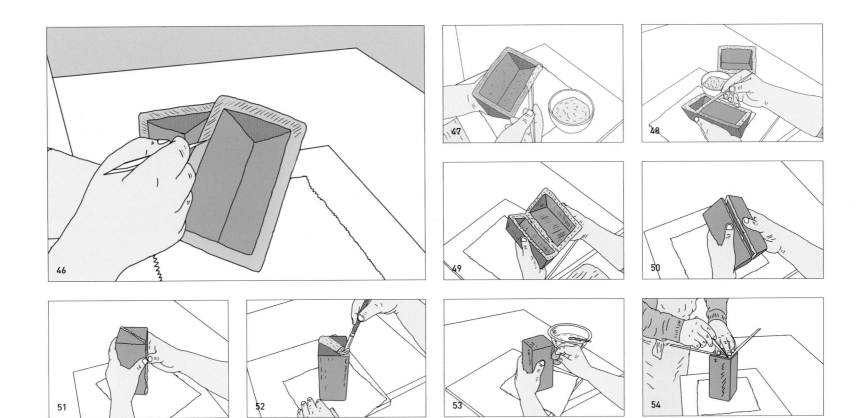

46 속파기가 모두 끝나면 창칼의 톱니를 이용해 접합 부분에 흠집을 내준다.

47 납작붓을 사용해 접합 부분에 흙물을 발라준다.

49 흙물을 바른 후, 양쪽 기물을 맞대고 접합시킨다.

51 양쪽을 가볍게 누르면서 붙인다.

52 납작붓으로 접합 부분의 흙물을 정리해 준다.

53 스펀지를 사용해 전체적으로 다듬어 준다.

54 직각자를 사용해 형태와 비례를 다시 한번 확인하고 재단선을 긋는다.

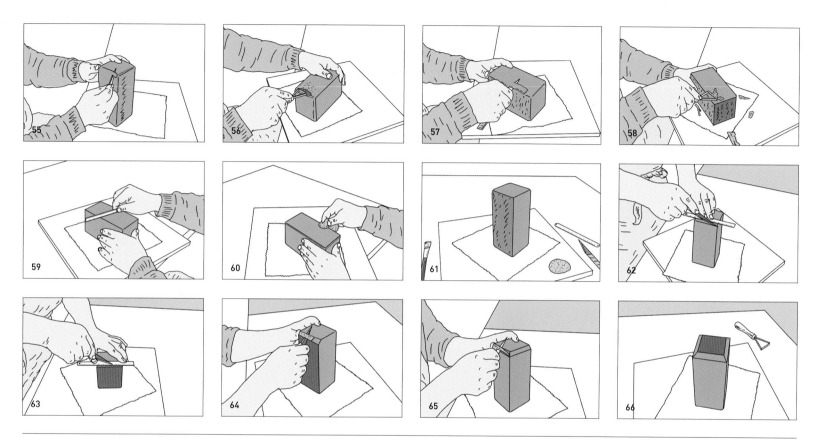

55 재단선을 따라 창칼, 속파기 도구, 쇠자 등을 사용해 형태를 다듬는다.

60 스펀지를 사용해 표면을 최종적으로 다듬어 준다.

61 완성된 화병의 몸체.

62 몸체 상단의 모양을 내기 위해 재단한다.

64 재단선에 맞춰 형태를 만든다.

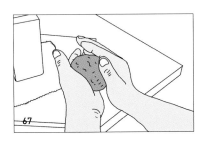 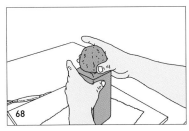 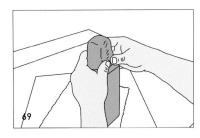 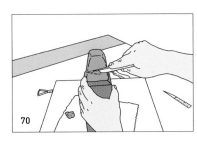

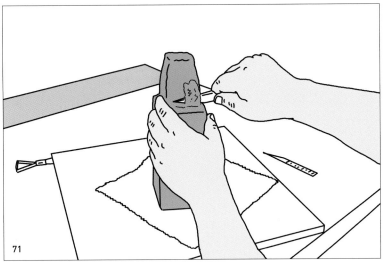 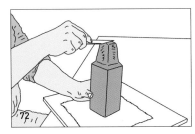 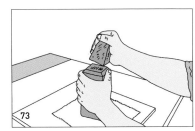

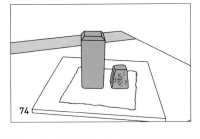 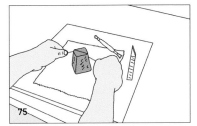

67 소지를 주무르듯 다루면서 화병 목 부분에 해당하는 형태를 대략 만든다.

68 몸체 상단에 올려놓고 목 형태를 빚는다.

69 대나무 칼을 사용해 형태를 다듬는다.

73 어느 정도 형태가 완성되면 몸체에서 분리한 후, 조금 굳어질 때까지
　　건조한다.

75 흙자름줄을 사용해 목 형태의 기물을 반으로 자른다.

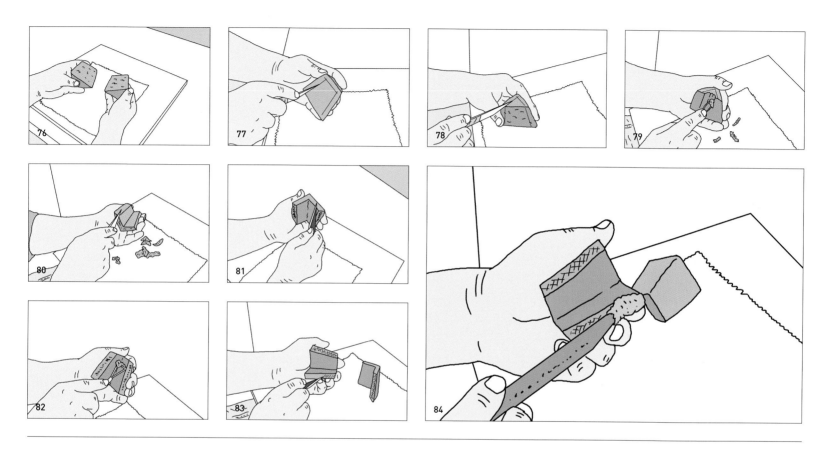

77 재단하기 위한 밑그림을 그린다.

79 창칼과 각종 속파기 도구를 사용해 가운데 부분을 파낸다.

83 속파기가 완성되면 창칼을 사용해 접합 부분에 흠집을 내준다.

84 접합 부분에 대나무 칼을 사용해 흙물을 발라준다.

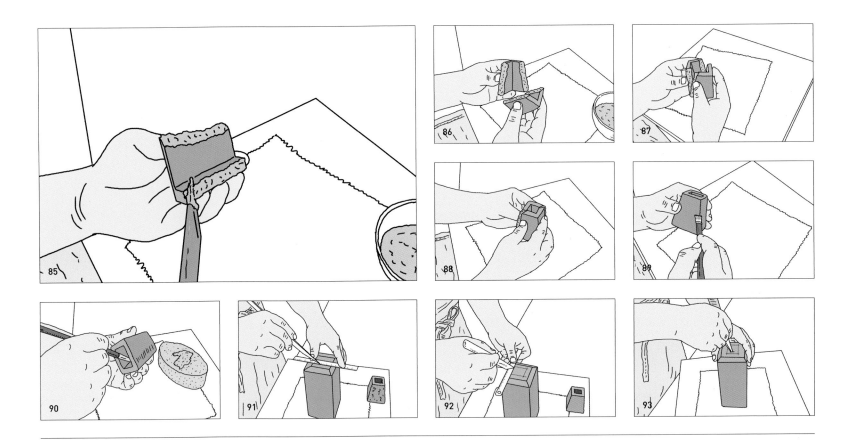

86 양쪽을 맞춰 붙인다.

89 붙인 후에는 납작붓을 사용해 접합 부분을 다듬어 준다.

91 화병 몸체의 상단 면에 구멍을 뚫기 위한 재단선을 자를 사용해 그린다.

92 재단선에 맞춰 칼로 자른 후 구멍을 뚫는다.

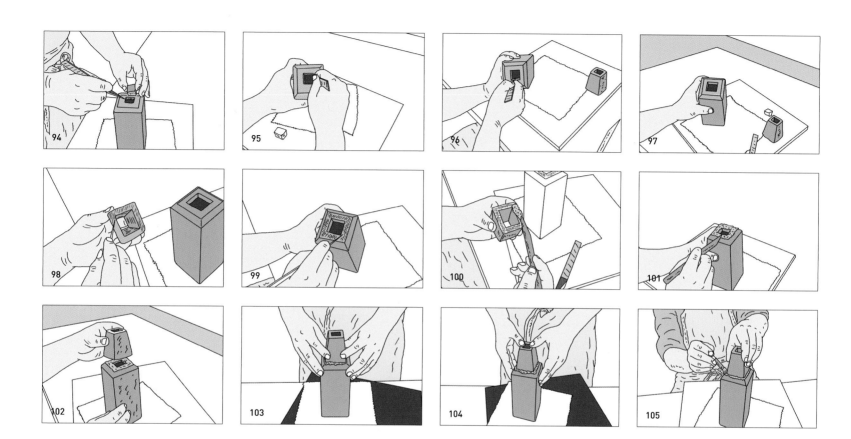

95 뚫린 구멍 부분은 창칼을 사용해 잘 다듬어 준다.

98 몸체와 목이 함께 붙여질 부위에 흠집을 내준다.

100 대나무 칼을 사용해 접합 부분에 흙물을 발라준다.

102 몸체와 목을 잘 맞춰 붙인다.

104 가볍게 누르면서 접합시킨다.

105 붙인 후에는 납작붓을 사용해 접합 부분을 정리한다.

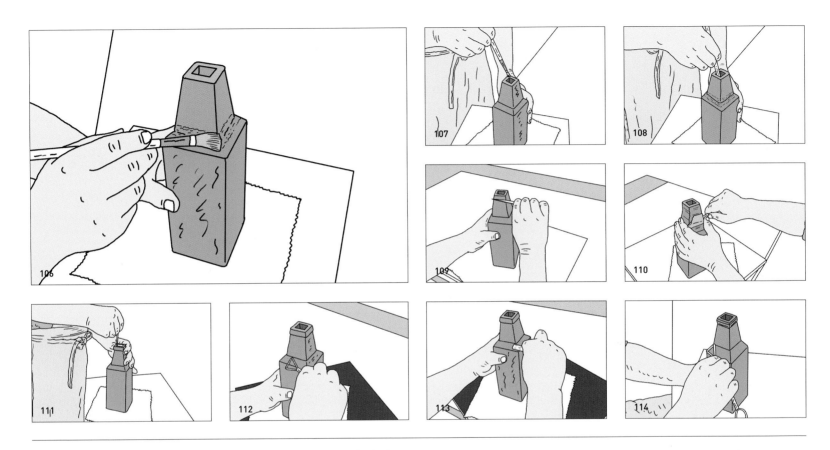

106 창칼, 각종 속파기 도구와 모델링 나무도구 등을 사용해 형태를 다듬는다.

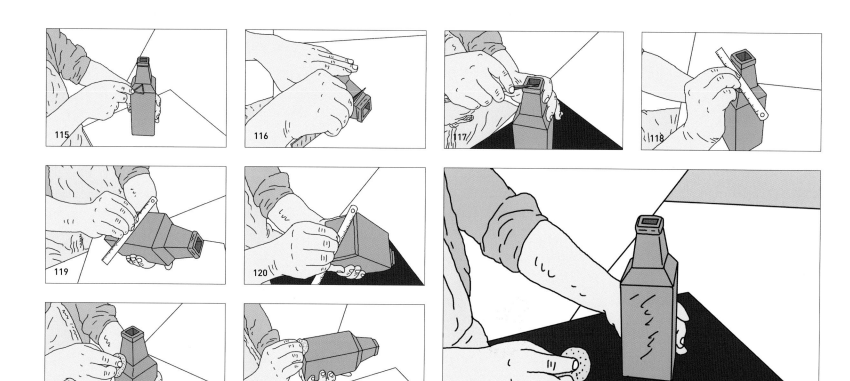

118 쇠자를 사용해 표면을 고르게 다듬는다.

121 사각화병 형태가 완성되면 스펀지를 사용해 최종적으로 표면을 다듬는다.

123 화병이 완성된 후에도 건조 과정에서 금이 가지 않도록 접합 부분을 나무도구

　　 를 사용해 여러 번 문질러 준다.

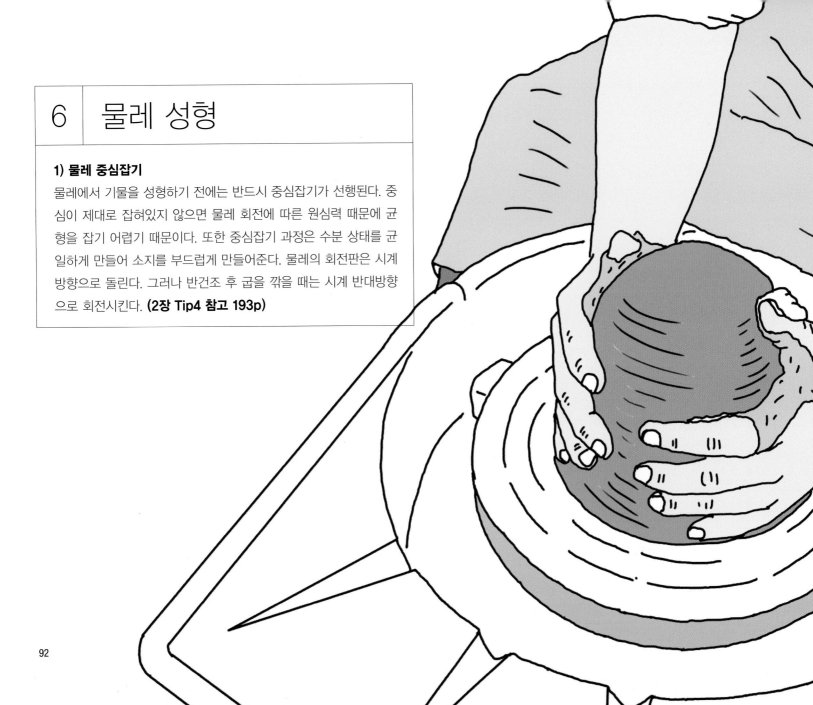

6 | 물레 성형

1) 물레 중심잡기

물레에서 기물을 성형하기 전에는 반드시 중심잡기가 선행된다. 중심이 제대로 잡혀있지 않으면 물레 회전에 따른 원심력 때문에 균형을 잡기 어렵기 때문이다. 또한 중심잡기 과정은 수분 상태를 균일하게 만들어 소지를 부드럽게 만들어준다. 물레의 회전판은 시계방향으로 돌린다. 그러나 반건조 후 굽을 깎을 때는 시계 반대방향으로 회전시킨다. **(2장 Tip4 참고 193p)**

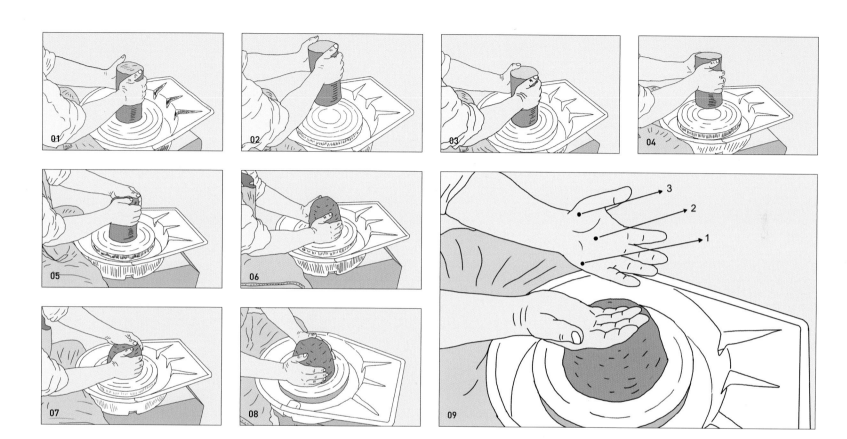

01 소지를 물레 위에 가볍게 내려 치기를 반복한다.

05 소지를 물레 위에 붙이고 느리게 회전시키면서 양 손바닥을 사용해 골고루
    두드리면서 다져준다.

09 중심잡기를 할 때, 처음엔 손바닥 맨 아래 부위에 힘을 주면서 중심을 잡는다.
    바로 이어서 소지를 양손으로 감싸듯 감아쥐고서 살짝 끌어 올린다. 이때 힘을

주는 손바닥 부위는 1, 2, 3번 순으로 옮겨 간다.

 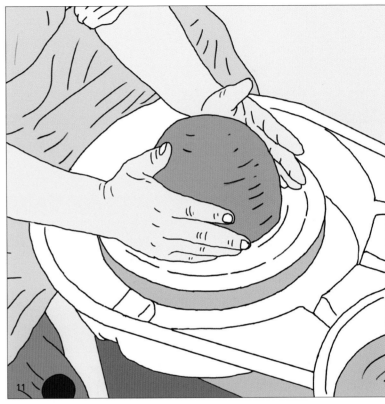

10 물레를 회전시키면서 물에 적신 손을 사용해 소지에 물을 적신다. 물은 일종의
   윤활제와 같은 역할을 한다. 따라서 너무 많이 사용하지 않는 게 좋다. 물을
   많이 사용하면 소지가 물러져서 성형이 어렵거나, 건조 과정에서 균열이 발생
   할 가능성이 높기 때문이다.

11 물레를 시계 방향으로 회전시킨다. 양 손바닥의 밑 부분(①)에 힘을 주고
소지를 감아쥔다.

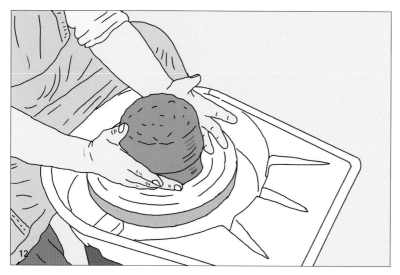

12 손바닥 가운데 2로 힘이 모이는 단계. 불룩이 올라 온 소지를 감아 쥐면서
    끌어 올린다. 이때 끌어 올리는 손의 속도는 물레의 회전 속도와 잘 맞아야
    한다. 그렇지 않으면 중심 잡기가 어려운 것은 물론이고 굵고 경사진 나선형의
    손자국이 남겨진다. 정상적인 상태에서 손자국은 거의 수평에 가까운 선이 돼
    어야 한다.

13 손바닥 윗부분 3에 힘이 모인다. 이때 양손의 엄지손가락은 소지의 윗부분을

감아준다.

14 양손의 엄지손가락을 'X'자 형태로 교차시키고 누르면서 소지의 윗부분을
    평평하게 만든다.

15 앞의 작업 과정을 몇 번 반복하면서 소지를 좀 더 길고 가는 형태로 만든다.
    작업 중간에 물을 적셔 준다.

  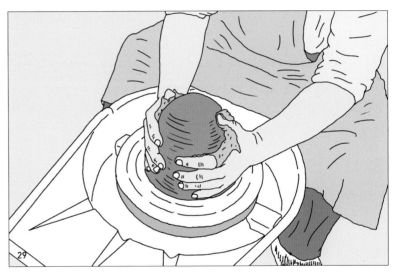

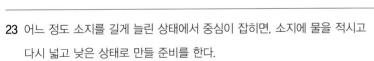 

23 어느 정도 소지를 길게 늘린 상태에서 중심이 잡히면, 소지에 물을 적시고
다시 넓고 낮은 상태로 만들 준비를 한다.

24 물레를 돌리면서 왼손은 소지의 밑동을 감아주듯 잡아준다. 오른손은 소지의
상단 부분을 잡아준다.

25 물레를 회전시키면서 오른손을 앞으로 밀어내듯 힘을 준다.

26 소지가 기울어지면서 서서히 길이가 줄어들면서 낮아진다.

27 소지의 높이가 낮아지면 오른 손바닥은 소지의 윗부분을 자연스럽게 감싸면서
중심을 잡는다.

29 앞의 작업 과정을 반복한다. 반복 작업은 두세 번 정도면 적당하다.

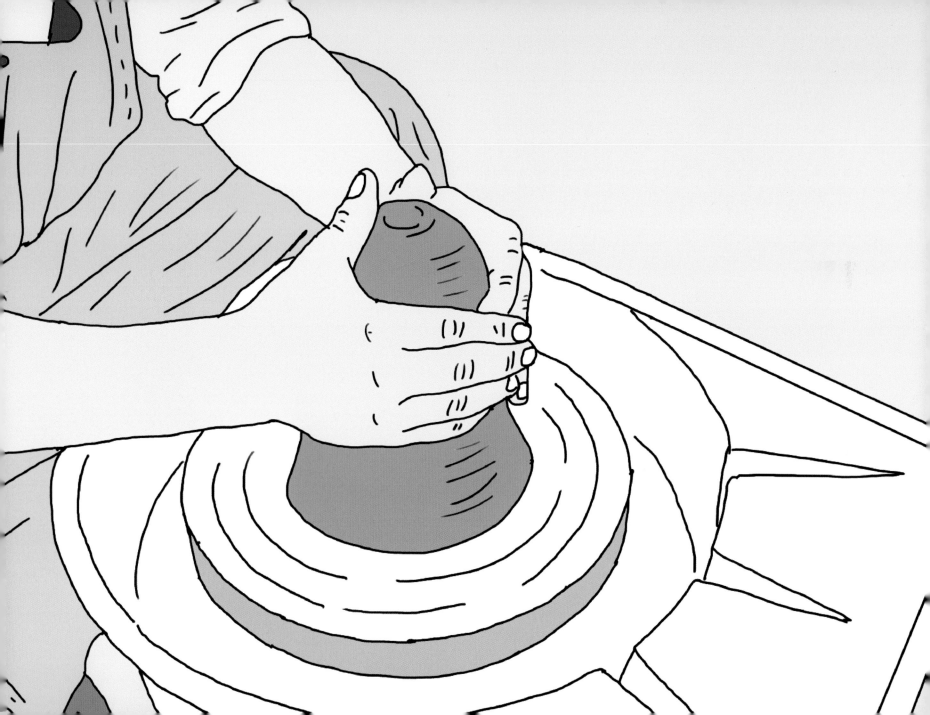

2) 종지 만들기

물레 중심잡기가 어느 정도 가능해지면 본격적으로 기물을 성형한다. 초보자의 경우 종지나 물컵과 같은 작은 기물부터 연습하는 게 좋다. 크기는 작지만, 물레 성형에 필요한 기본적인 사항은 같기 때문이다. 종지부터 시작해서 점점 크기가 크고 복잡한 형태의 기물을 연습하는 게 좋다.

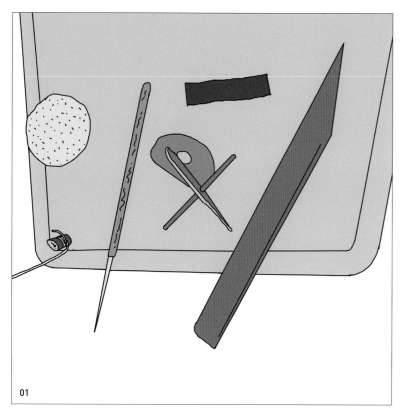

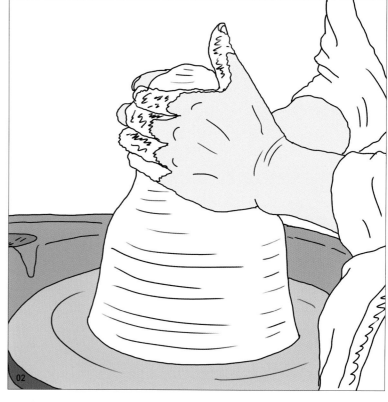

01 흙자름줄, 헤라, 고무전대, 스펀지, 밑가새, 창칼을 준비한다. 마지막으로 일정한 크기의 종지를 여러 개 만드는 데 사용하는 십자형의 도구를 준비한다. 이때 십자형 도구는 소지의 수축률을 적용해 만든다. 수축률은 처음 성형된 기물의 크기가 마지막 소성과정을 거치면서 작아지는 비율을 나타낸다. 소지마다 조금씩 다르지만, 수축률은 대개 15% 내외다. 예를 들어 처음 물레에서 성형했을 때 그릇의 지름 크기가 10cm였다면, 소성 후 지름의 크기는 1.5cm 줄어 8.5cm가 된다. 따라서 지름 10cm의 기물을 제작하려면, 물레 성형 시 15% 크기를 더해서 만들어야 한다. 지름 11.5cm(Ø10cm×1.15=Ø11.5cm) 크기의 그릇을 성형해야 한다. **(2장 Tip5 참고 194p)**

02 물레를 시계 방향으로 천천히 돌리면서 물을 적신 후, 양손을 사용해 물레중심을 잡는다. 이후 모든 작업 과정은 물레가 돌아가는 상황에서 이뤄진다. 윤활제 역할을 하는 물은 가급적 적게 사용하는 것이 좋다.

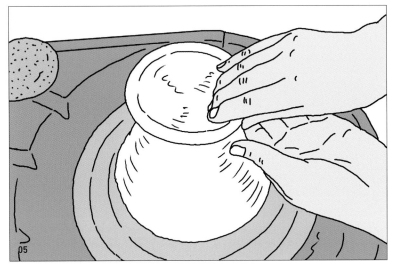

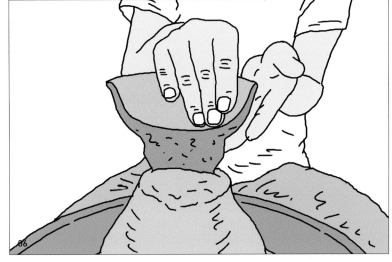

03 중심이 잡히면 소지의 상단 부분을 중심으로 종지를 만들 수 있는 크기의 원기둥 형태를 만든다. 만들고자 기물의 크기가 클수록 원기둥의 크기도 당연히 커져야 한다. 만약 만들고자 하는 종지의 지름이 10cm이면, 원기둥 윗면의 지름은 1/2 크기 5cm 정도면 충분하다.

04 상단 중앙 부분에 양손의 엄지를 올려놓고 구멍을 뚫듯이 파 내려간다. 종지

에 적합한 정도의 깊이로 파 내려간 다음, 양손의 엄지와 검지 그리고 중지를 사용해 구멍을 넓게 벌리면서 살짝 끌어 올린다.

05 오른손을 사용해 옆면을 받쳐주면서 왼손 검지와 중지를 사용해 종지의 바닥을 넓게 펼쳐준다. 적당히 바닥이 완성되면 양손을 맞대고 위로 끌어올려 준다.

06 바닥을 잡을 때 양손의 모양과 위치.

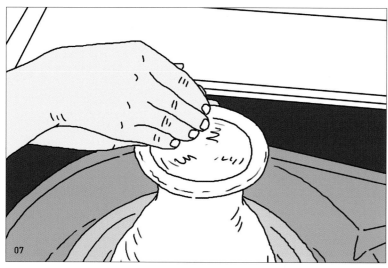

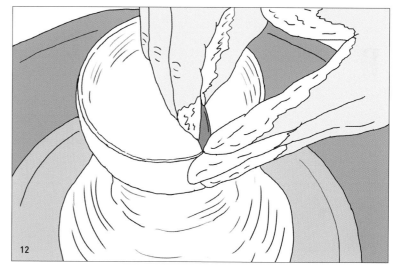

08 왼손 검지와 중지 그리고 약지는 종지의 바깥 면을 받쳐주면서 오른손 중지와 맞닿은 상태로 살짝 힘을 주면서 잡아 끌어올린다. 종지의 기벽이 얇아지면서 종지의 깊이가 형성된다.

09 종지의 옆면을 끌어올릴 때 양손의 모양과 위치.

10 종지 상단 부분의 높이가 일정치 않거나 맞지 않으면 창칼을 사용해 잘라낸다.

11 십자형의 도구를 사용해 원하는 크기가 만들어졌는지 확인한다. 높이가 높으면 창칼을 사용해 잘라내고, 입구의 넓이는 손으로 벌려주거나 좁히면서 크기를 맞춰나간다.

12 어느 정도 종지의 크기와 형태가 만들어지면 헤라를 사용해 바닥 면과 옆면을 다듬어 준다.

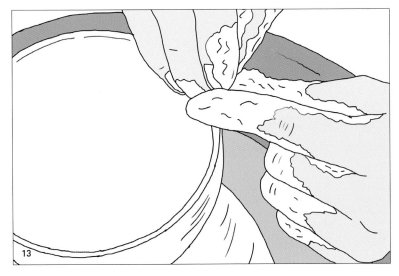

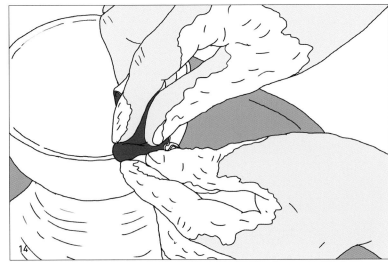

13 오른손 엄지와 검지를 사용해 종지의 입구 부분 양옆을 살짝 누르듯 잡아주면서 정확한 원이 되게 만든다. 왼손의 검지는 종지의 입 부분에 올려놓고 살짝 누르면서 정확히 수평이 되게 한다.

14 고무전대를 사용해 종지의 입 부분을 매끄럽게 정리한다.

15 성형된 기물을 분리하기 위해 밑가새를 대각선 방향으로 종지의 하단 부분에 찔러 넣는다.

16 밑가새를 대각선 방향으로 찔러 들어가다가 이내 수평 상태에 이르게 한다. 결과적으로 종지의 하단 부분이 좁고 깊게 만들어지도록 한다. 기물의 하단 부분을 깊고 좁게 잘라내면 물레에서 분리할 때 형태가 일그러지지 않는다.

17 흙자름줄을 사용해 종지를 분리해 낸다. 물레에서 종지를 떼어 낼 때는 양손의 검지와 중지를 사용한다. **(2장 Tip6 참고 195p)**

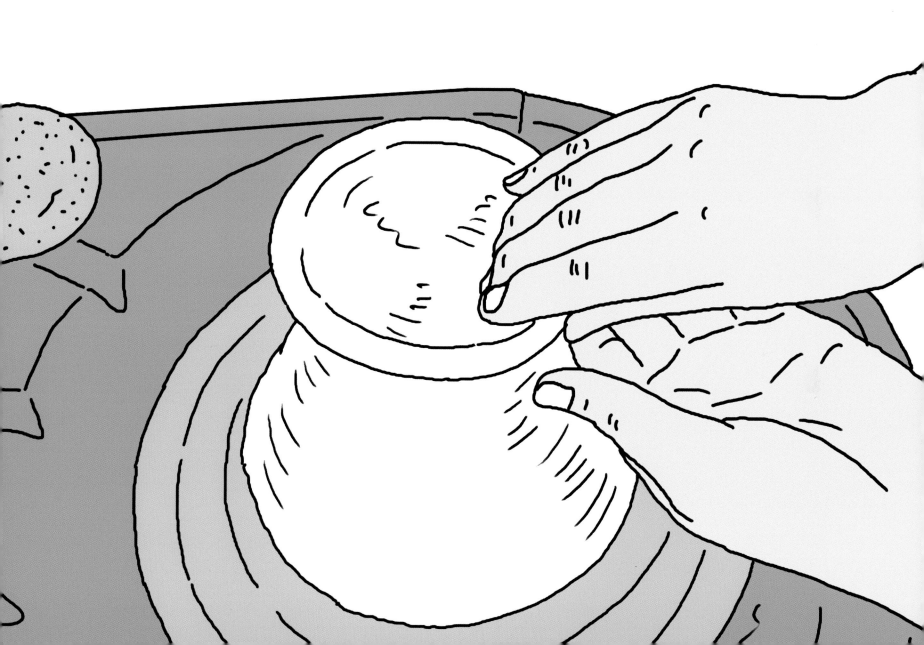

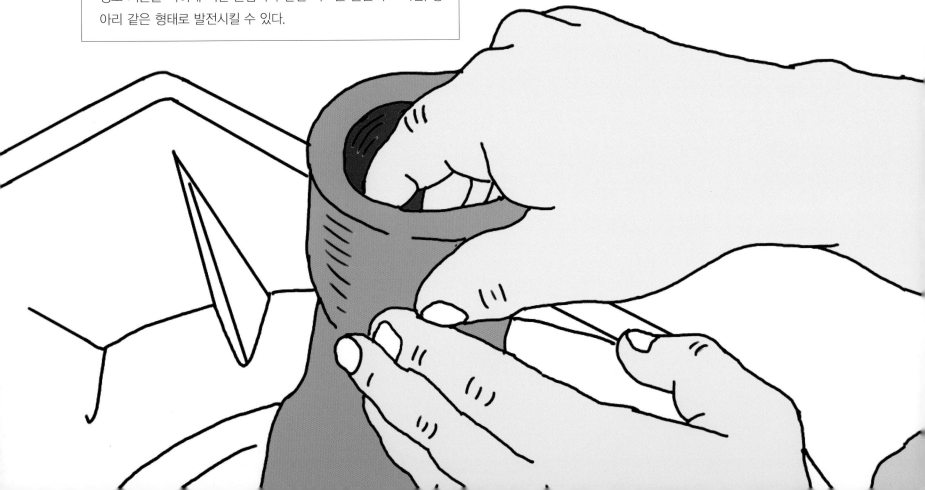

3) 컵 만들기

컵은 일상생활에서 가장 흔히 사용되는 도자기다. 물컵은 물론이고 손잡이가 달린 머그는 실용성이 높아 대표적인 도자기 품목에 들어간다. 그리고 컵은 물레 성형 초보자에게 유익한 연습과제다. 크기도 적당하고 형태도 단순하기 때문이다. 컵 성형 연습을 통해 어느 정도 기본을 익히게 되면 손잡이가 달린 머그는 물론이고 사발, 항아리 같은 형태로 발전시킬 수 있다.

❶ 컵 물레 성형

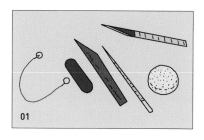

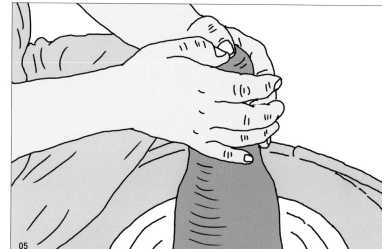
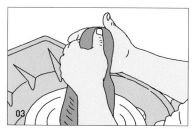
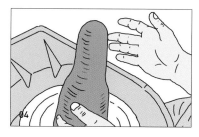

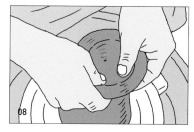

01 흙자름줄, 고무전대, 밑가새, 창칼, 스펀지 등을 준비한다.

02 소지에 물을 묻힌 후 양손을 사용해 중심잡기를 시작한다. 이때 양팔의 팔꿈치를 양발의 허벅지 안쪽에 받치고 작업을 하면 힘의 균형을 잡는데 편리하다.

04 컵 만들기에 필요한 만큼의 양을 고려해 기둥을 만든다. 이때 기둥의 직경은 만들고자 하는 기물 크기의 절반 이하면 충분하다.

05 상단 중앙 부분에 양손의 엄지를 올려놓고 구멍을 뚫듯이 파 내려간다.

이때 파 내려가는 속도는 물레의 회전 속도와 균형을 맞추는 게 중요하다. 너무 급히 내려가면 오히려 중심을 잃기 쉽다.

07 물을 적셔준다.

08 양손의 엄지와 검지 그리고 중지를 사용해 구멍을 넓게 벌리면서 바닥을 만든다.

09 양손을 감아쥐면서 위로 좁혀 준다. 자연스럽게 그릇의 깊이가 형성된다.

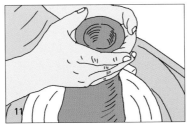

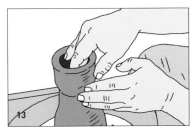
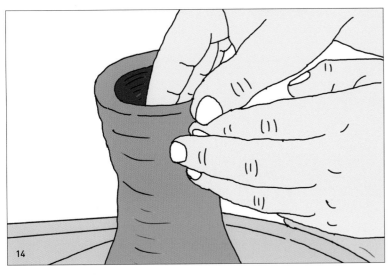

12 오른손 중지와 검지를 사용해 안쪽 바닥을 넓혀 준다. 이때 오른손은 바깥 부분을 받쳐준다.

14 바닥이 만들어지면 곧바로 옆면에 오른손과 왼손을 맞대고 끌어 올려준다. 기벽이 얇아지면서 기물의 높이가 형성된다.

15 원하는 크기의 물컵이 완성될 때까지 앞의 작업을 반복한다.

17 오른손 엄지와 검지를 사용해 종지의 입구 부분 양옆을 살짝 누르듯 잡아주면 서 정확한 원이 되게 만든다. 왼손의 검지는 종지의 입 부분에 올려놓고 살짝 누르면서 정확히 수평을 이루게 한다.

18 스펀지를 사용해 바닥에 고여있는 물기를 닦아준다. 물기가 많으면 건조 과정에서 균열이 발생할 수 있으니 주의해야 한다.

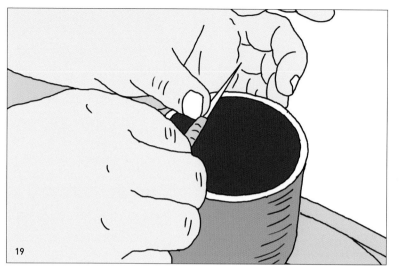

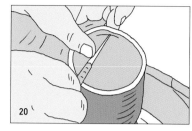

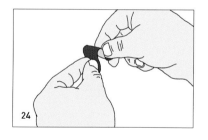

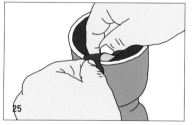

19 창칼 끝부분은 오른손으로 거머쥐고, 왼손 엄지를 칼 끝부분에 살짝 누르듯
   얹혀 놓으면 창칼에 힘이 들어가 전을 자를 때 편리하다. 이때 왼손의 중지와
   약지 그리고 소지는 기물의 바깥 측면을 받쳐줘 전을 자를 때 형태가 변형되지
   않게 한다.

20 물레가 회전하는 가운데 창칼을 서서히 찔러 넣어 전을 정리한다.

21 잘린 전을 제거한다.

22 물에 담근 오른손을 사용해 전 부분에 물을 조금 적셔준다.

23 고무전대를 사용해 전 부분 정리를 한다. 양손의 엄지와 검지를 사용해 고무전
   대 양쪽 끝부분을 잡고 살짝 구부리면 사용할 수 있는 준비가 된다.

25 고무전대를 기물의 전 부분에 살짝 걸치듯 올려놓는다. 이때 고무전대의 앞
   부분이 전에 닿을 수 있도록 앞으로 기울여 사용한다. 고무전대를 사용하는 위
   치는 기물의 왼쪽 중앙 부분이다. **(2장 Tip7 참고 195p)**

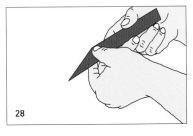

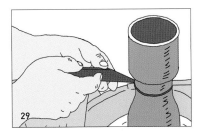

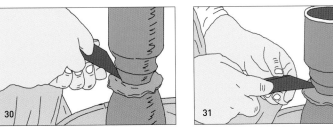

28 컵 성형이 완성되면 밑가새를 사용해 기물을 떼어 낼 준비를 한다.

29 컵 밑동 부분에 밑가새를 대각선으로 천천히 찔러 넣는다. 밑가새를 사용하는 위치는 밑동 왼쪽이다. 시계방향으로 회전하는 물레가 몸의 중앙을 지나서 돌아가는 바로 왼쪽 부분에 사용한다.

31 밑가새를 대각선으로 찔러 들어가면서 서서히 수평을 이루게 한다.

32 흙자름줄을 사용해 컵의 밑동을 자른다.

33 흙자름줄을 컵의 바깥 밑동에 걸친 후, 한 손으로 잡아당기면 수평으로 잘린다.

34 양손을 가위 손 모양으로 만든다.

35 가위 손 모양의 상태에서 밑동을 잡은 후, 살짝 비틀어 들어 올리면서 떼어 낸다.

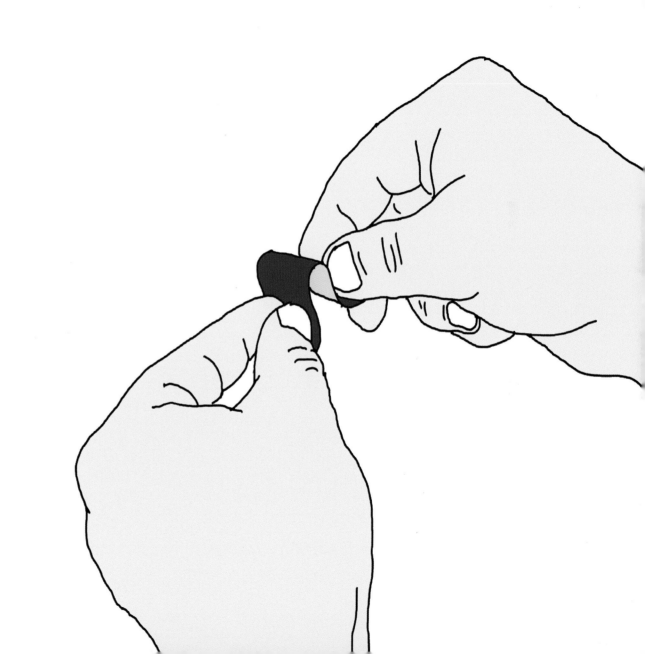

굽통 만들기

굽깎기를 할 때는 갓 모양의 굽통을 만들어 사용하는 것이 편리하
다. 다량의 기물을 깎을 때 일일이 물레 회전판 위에 올려놓고 중심
을 잡을 필요가 없기 때문이다. 굽통은 전과 기벽을 비교적 두툼하
게 성형해서 반건조시킨 후 사용한다. 사용 후 비닐에 싸서 보관하
면 오랫동안 사용할 수 있다. **(2장 Tip8 참고 196p)**

❷ 컵 굽통 만들기

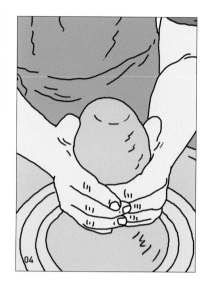

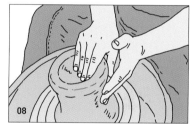

01 굽통 만들기에 적합한 양의 소지를 물레 회전판 위에 붙여 놓는다.

02 양손을 사용해 두드리면서 회전판 위에 부착시킨다.

03 소지에 물을 적당히 묻힌 후 양손을 사용해 중심잡기를 시작한다.

06 중심을 잡은 후에는 양손의 엄지를 사용해 가운데 홈을 파 내려간다.

07 엄지손가락 길이 만큼 최대한 파 내려간 후, 바닥을 넓히면서 살짝 잡아 올려준다.

08 왼손은 바깥쪽을 받쳐주면서 오른손 엄지는 바깥쪽에 그리고 나머지 검지와 중지는 안쪽에 넣고 중심을 잡으면서 파 내려간다.

  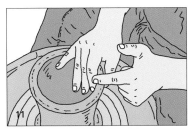 

09 안쪽에 오른손과 바깥쪽 왼손을 맞대고 기벽을 잡아 늘리듯이 끌어 올려준다.

11 기물 바깥쪽 오른손 엄지와 안쪽 검지와 중지를 사용해 중심을 잡으면서 왼손 중지는 전을 누르면서 수평을 잡아준다.

12 주먹을 쥔 상태에서 왼손의 검지 옆면과 오른손 검지와 중지를 맞대고 기벽을 잡아 늘리듯이 끌어 올린다. 굽통은 기벽이 두꺼운 게 좋으니 너무 얇게 성형하는 것은 피해야 한다.

15 오른손 엄지와 검지를 사용해 중심을 잡으면서 왼손 검지를 사용해 전의 수평을 잡아준다. 이때 전 부분을 넓고 두툼하게 잡아준다. 굽통을 사용할 때 전부분이 바닥면으로 사용되기 때문이다.

16 스펀지를 사용해 바닥에 고인 물기를 닦아준다.

17 고무전대를 사용해 굽통의 전 부분을 정리한다.

18 밑가새를 대각선으로 잡아 쥐고 밑동을 잘라낸다.

19 밑가새를 수평으로 쥐고 물레 회전판 바닥에 붙은 소지를 잘라낸다.

20 잘라낸 소지를 떼어낸다.

21 흙자름줄을 사용해 굽통의 밑동을 잘라낸다.

22 가위 모양의 양손을 사용해 성형된 기물을 물레에서 떼어 낸다.

❸ 컵 굽깎기

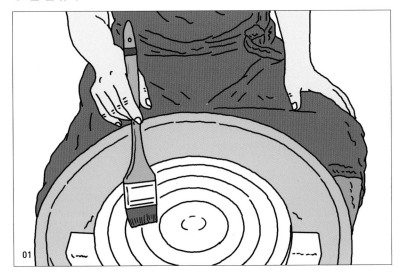

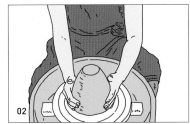

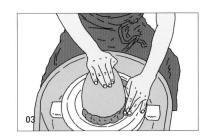

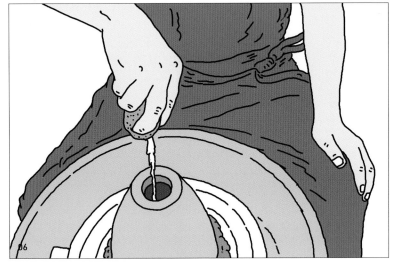

01 물레 회전판 위에 붓 또는 스펀지를 사용해 물을 발라준다. 물레 회전판에
   물을 발라주고 기물을 올려놓으면 접착력이 생겨 부착이 잘 된다.
02 회전판 위에 굽통을 올려놓고 양손을 사용해 중심을 맞춘다. 회전판에 그어진
   선을 기준으로 중심을 맞추면 편리하다.
03 중심이 맞춰진 굽통을 보다 단단하게 고정하기 위해 주변에 흙을 붙여준다.
04 굽통의 중심을 잡고 컵을 끼워 맞출 수 있는 형태와 크기를 만들기 위해 굽칼

로 다듬는다.
05 굽칼로 상단면의 중앙에 작은 구멍을 내준다.
06 물레를 회전시키면서 구멍 안에 물을 조금 넣어준다. 굽통과 물레 회전판에 사
   이에 물이 스며들어 접착력을 높여주기 때문에 오랫동안 부착 상태가 유지된다.
   작업 중간에 간간이 물을 조금씩 넣어주면 장시간 사용이 가능하다.

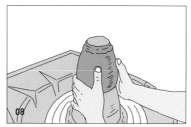

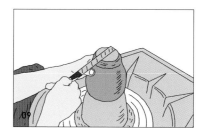

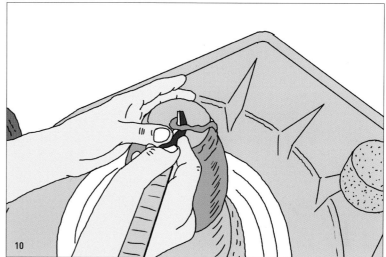

07 갓 모양의 굽통 위에 깎아야 할 컵을 올려놓는다.

08 양손을 사용해 물레중심잡기 하듯이 컵의 중심을 잡는다.

09 중심이 잡히면 굽칼 또는 주먹을 쥔 손으로 컵 바닥을 가볍게 두드리면서 굽통에 고정한다.

10 굽칼을 사용해 컵 바닥의 중앙에 둥글게 홈을 파준다.

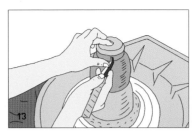

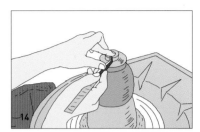

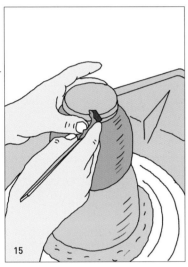

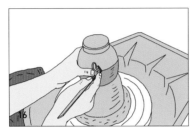

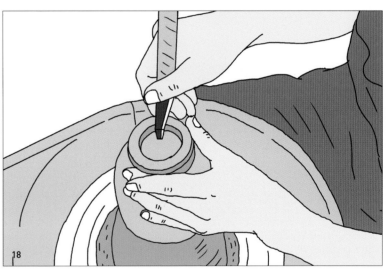

11 왼손 중지는 기물의 홈 안에 그리고 엄지를 오른손에 있는 굽칼에 맞대고 힘을 주면 굽칼을 단단하게 쥘 수 있다.

12 바깥 굽을 만들면서 옆면을 깎아준다.

14 안 굽을 만들기 위해 바닥을 평평하게 깎아준다. 바닥이 울퉁불퉁해서 깎기 어려울 때에는 굽칼 직각 부분의 모서리를 이용해 홈을 파듯이 깎아준 다음,

굽칼을 수평으로 대고 깎으면서 면을 평평하게 다듬는다. **(2장 Tip9 참고 197p)**

16 컵의 형태를 고려하면서 옆면을 깎아준다.

18 안쪽 굽을 깎아준다. 안쪽 굽의 깊이는 바닥면의 두께에 따라 정해진다. 적당한 바닥면의 두께가 될 때까지 안쪽 굽을 깎아줘야 하기 때문이다. 바깥쪽 굽의 깊이는 안쪽 굽의 깊이를 기준으로 정해진다. **(2장 Tip10 참고 198p)**

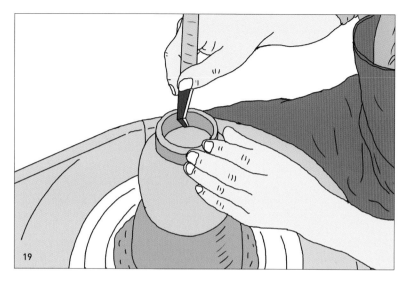

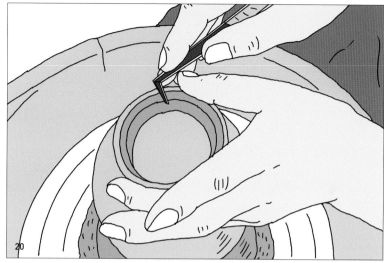

19 바닥면의 적당한 두께를 확인하기 위해 굽칼로 바닥을 두드려본다. 바닥이 두꺼
우면 두드릴 때 진동이 거의 없고 둔탁한 소리가 난다. 반면에 얇으면 진동이 느
껴지고 경쾌한 소리가 난다. 그러나 너무 얇아지면 다시 소리가 둔탁해지고 진
동이 약해진다. 초보자의 경우 바닥을 깎다가 구멍을 내기가 일쑤이지만 여러 번
반복해 작업하다 보면 감을 잡게 되고 실수도 줄어든다.

20 굽 모서리 부분의 모양을 만들어 준다.

21 컵의 전체 모양과 두께를 고려해 깎기를 반복한다. **(2장 Tip11 참고 199p)**

24 어느 정도 완성되면 굽통에서 분리한 후, 형태와 두께를 직접 만져보고
확인한다.

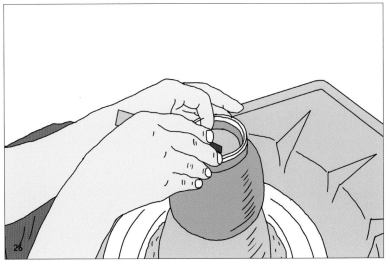

25 굽통에 다시 끼워 맞춘 후, 굽깎기를 마무리한다.

27 굽깎기가 완성되면 스펀지로 굽과 바닥 면을 다듬는다.

4) 접시 만들기

식생활문화의 변화에 따라 그릇의 수요는 달라지게 마련이다. 대표적으로 접시의 경우가 그렇다. 하지만 접시 성형은 비교적 어려운 작업에 속한다. 특히 큰 접시일 경우 제대로 중심을 잡고 처지지 않게 성형하기가 쉽지 않다. 따라서 접시 성형 연습은 잔 받침이나 앞접시 같이 작은 것부터 시작해 브런치 접시 같은 크기로 발전시켜 나가는 것이 좋다. 접시 성형의 기본 핵심은 바닥이 평평하면서 낮은 형태의 기물을 만드는 데 있다.

❶ 접시 성형

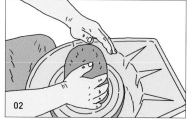
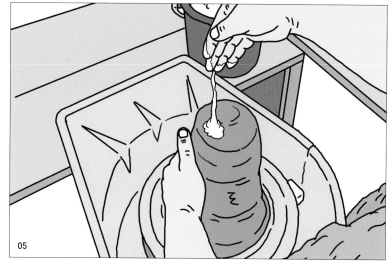

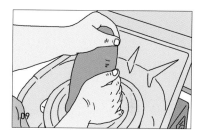

01 소지를 물레 회전판 중앙에 올려놓는다.

02 물레를 천천히 돌리면서 양손으로 골고루 두드려 준다.

03 물레를 천천히 회전시키면서 물에 적신 스펀지를 사용해 소지에 물을 발라준다. 물은 일종의 윤활제처럼 사용하는 것이니까 가능한 한 적게 사용하는 것이 좋다. 너무 많이 사용하면 흙이 물러져서 성형이 어렵고, 건조 과정에서 균열이 발생할 수도 있다.

04 중심잡기를 시작한다.

05 작업 중간에 물을 뿌려가면서 성형한다.

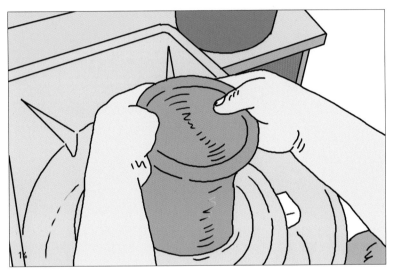 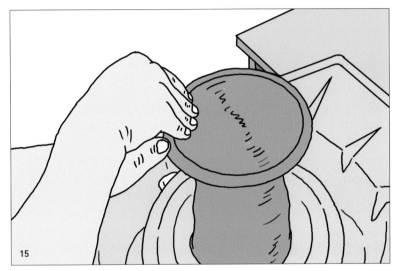

10 마지막 중심잡기를 할 때, 만들고자 하는 접시의 넓이를 고려해 중심잡기의 크기를 정한다. 예를 들어 직경 20cm의 접시를 만들 때, 중심잡기 상태의 상단부분 넓이는 그 절반에 해당하는 10cm 정도면 적당하다.

12 가운데 부분에 물을 뿌려준 후, 양손의 엄지를 사용해 바닥을 파 내려가면서 바닥을 넓혀준다.

14 어느 정도 바닥이 만들어지면 양손으로 기물의 양 끝을 잡은 상태에서 살짝 넓히면서 끌어 올린다.

15 양손의 검지와 중지를 사용해 바닥을 넓히면서 천천히 위로 잡아 올려준다.

  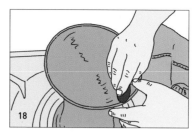 

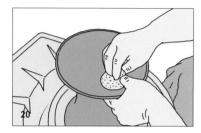 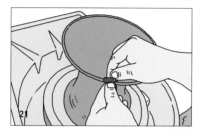  

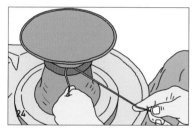   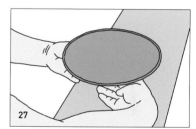

16 오른손 엄지와 검지로 전 부분을 잡은 상태에서 왼손 중지는 수평을 잡아준다.

17 왼손을 접시 바깥을 받쳐주면서 왼손 검지와 중지를 사용해 바닥을 넓히면서 천천히 올려준다.

18 반달 모양의 헤라를 사용해 바닥을 정리하면서 넓혀 나간다. 넓고 얕은 접시형태를 만든다.

20 스펀지를 사용해 물기를 제거하면서 바닥을 평평하게 다진다.

21 고무전대를 사용해 접시의 전을 정리한다.

22 밑가새를 사용해 접시의 밑동을 잘라낸다.

24 흙자름줄을 사용해 접시의 밑동을 잘라낸다.

25 가위 모양의 양손을 사용해 접시를 떼어낸다.

26 접시를 떼어 낼 때, 살짝 비틀어 들어 올리면 쉽게 분리된다.

27 준비된 건조판에 조심스럽게 올려놓는다.

❷ 접시 굽깎기

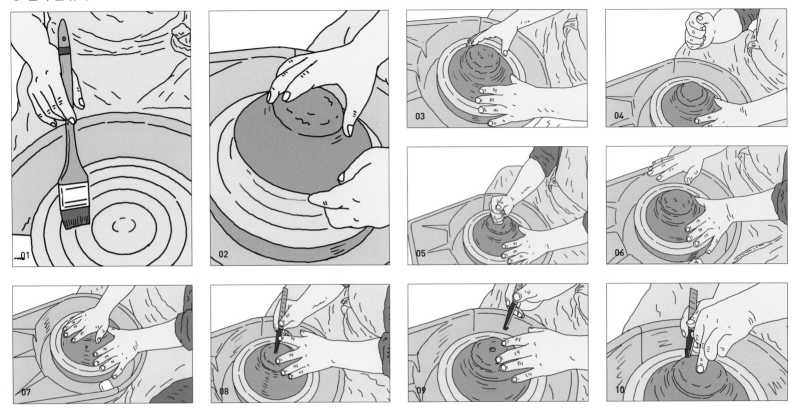

01 물레를 천천히 돌리면서 붓을 사용해 회전판에 물을 발라준다. 물은 물레 회전
   판과 기물을 부착시키는 역할을 한다.
02 굽깎기를 위해 반 건조된 상태의 접시를 회전판 중앙에 올려놓는다.
03 회전판에 올려놓고 중심을 잡는다. 이때 회전판에 그어진 원형선을 참조한다.
04 중심이 잡히면, 손으로 접시 바닥면을 가볍게 두드려서 전 부분의 수평을
   잡아준다.

08 굽칼을 사용해 굽바닥에 작은 홈을 만들어준다.
10 왼손 중지를 홈에 넣어 가볍게 누르고 있는 상태에서 엄지는 오른손이 잡고
   있는 굽칼에 맞대 준다. 이렇게 양손을 사용해 굽칼을 잡으면 힘있게 쥘 수 있다.
   (그림 16 참조)

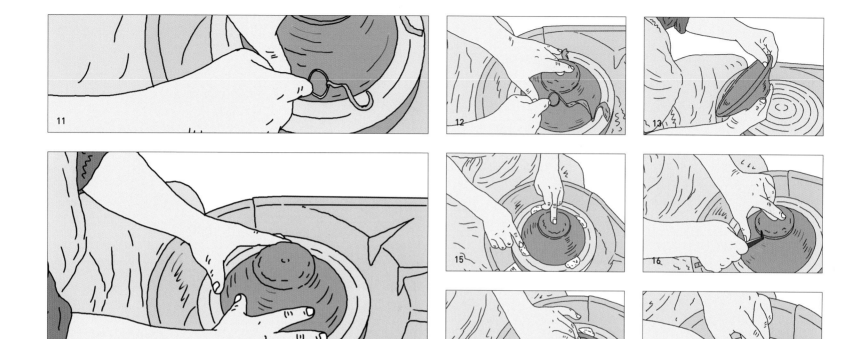

11 전 부분부터 굽 부분에 이르기까지 적당한 두께와 형태를 고려해 깎는다.
　이때 전 부분은 추가로 깎을 일이 없도록 마무리한다.

12 접시의 형태를 고려해 전체적으로 깎으면서 다듬어준다.

13 접시를 회전판에서 분리한 후 기벽의 두께와 형태를 확인한다. 이때 특히 전
　부분의 두께가 적당한지 확인한다. 모자라는 부분이 있으면 처음 작업 단계로
　돌아가 반복한다.

14 물레 회전판에 접시를 올려놓고 중심을 잡는다.

15 중심이 잡히면 흙을 붙여 고정한다. 이때 흙은 가급적 적게 사용한다.
　서너 군데 정도 붙이면 충분하다.

16 굽칼을 사용해 접시 형태를 전체적으로 잡아준다.

18 바닥 수평을 잡아준다.

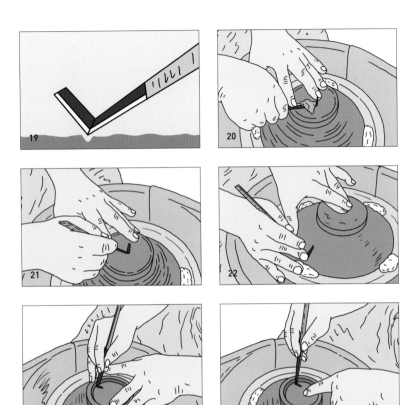

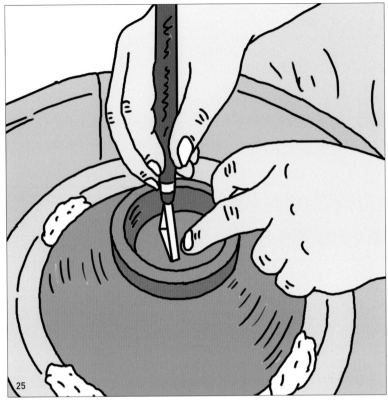

19 바닥 표면이 울퉁불퉁할 경우엔 'ㄱ'자로 꺾인 굽칼의 모서리를 이용해 홈을 파듯 깎은 후, 굽칼을 수평으로 대고 깎으면 쉽게 정리된다. **(2장 Tip9 참고 197p)**

23 굽 안쪽을 깎아 내려간다.

24 굽바닥에 손끝을 대고 굽칼을 두드릴 때 나는 소리와 진동을 통해 굽바닥의 두께를 확인한다. 소리가 둔탁하고 진동이 미미하면 두꺼운 상태이고, 소리가

명쾌해지고 손끝에 진동이 느껴지면 얇아진 것이다. 그러나 너무 얇아질 경우 엔 둔탁한 소리와 더불어 진동 또한 미미하게 된다. 이때 잘못하면 구멍을 낼 수 있으니 주의해야 한다.

25 바닥에 손끝을 대고 굽칼로 두드려보면서 두께를 확인한다.

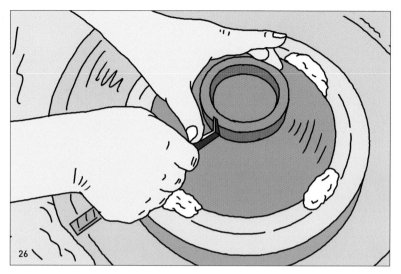

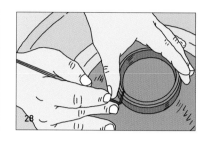

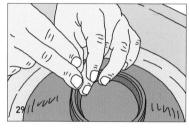

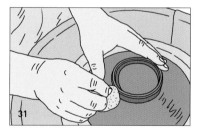

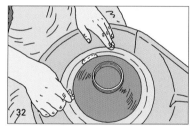

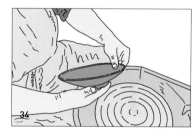

26 굽 안쪽이 어느 정도 정리되면 바깥 굽의 모양도 다듬으면서 바깥굽의 높이를 정해야 한다. 형태의 구조에 따라 다양한 경우가 존재하지만, 일반적으로 안쪽 굽 높이에 맞춰 바깥쪽 굽도 깎아주면 된다. **(2장 Tip10 참고 198p)**

27 바깥 굽의 높이에 맞춰 접시의 나머지 부분도 깎으면서 정리해준다.

28 최종적으로 굽의 형태를 마무리한다. **(2장 Tip11 참고 199p)**

29 손가락 끝으로 살짝 누르면서 굽의 표면을 다져준다.

30 물에 적신 스펀지를 사용해 굽바닥과 주변을 다듬어준다.

32 고정하기 위해 붙여놨던 흙을 제거한다.

33 굽깎기를 완료한 접시를 물레에서 분리한다.

34 적당한 두께로 굽깎기가 마무리됐는지 확인한다. 만약 보완이 필요하면 회전판에 올려놓고 작업을 반복한다.

❸ 굽통을 이용한 접시 굽깎기

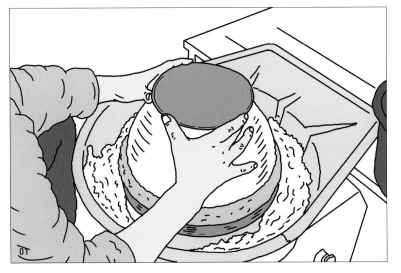
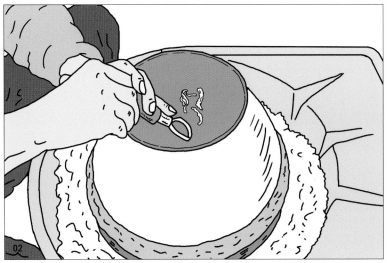

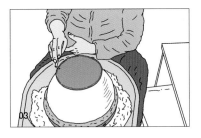

01 물레 위에 중심을 잡아 굽통을 고정한 후, 굽통 위에 접시를 끼워놓고 중심
   을 잡는다. **(2장 Tip8 참고 196p)**

02 굽칼 또는 속파기 도구를 사용해 접시 안쪽을 다듬는다.

04 물에 적신 스펀지를 사용해 접시 바닥면을 깔끔하게 정리한다.

05 접시 안쪽면 정리가 끝나면 굽통 위에 접시를 뒤집어 놓고 중심을 다시 맞춘다.

06 중심이 잡히면 굽칼을 사용해 굽바닥 가운데에 작은 홈을 파준다.

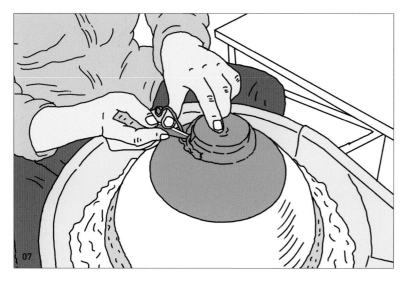

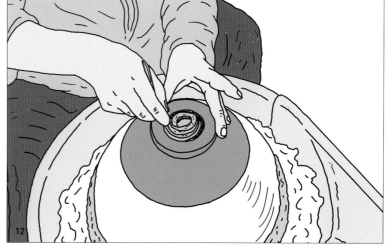

07 왼손 중지를 홈에 넣어 가볍게 누르고 있는 상태에서 엄지는 오른손이 잡고
　　있는 굽칼을 눌러준다. 이렇게 양손을 사용해 굽칼을 잡아야 굽칼에 힘이 주어
　　지고 깎기가 쉬워진다.

08 접시 굽바닥의 수평을 잡을 때, 굽칼을 옆으로 뉘어서 사용하면 편리하다.

10 접시 여러 개를 일정한 크기로 만들고자 할 때는 자로 크기를 재면서 깎는다.

12 전체적으로 접시의 외곽 형태가 잡히면 굽을 만들기 위해 바닥면을 파
　　내려간다.

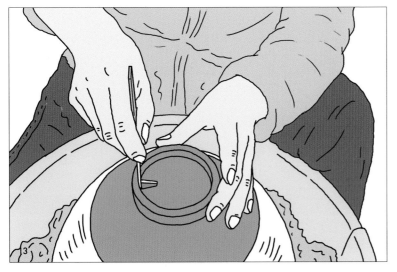
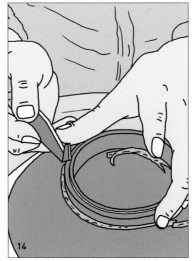
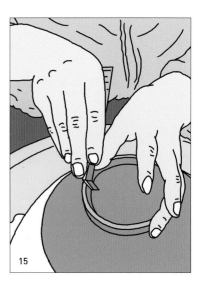

13 안쪽을 먼저 깎은 후, 굽 높이에 맞춰 바깥을 다듬는다. 작업 중간에 굽칼로 바닥면을 두드려서 나오는 소리와 진동을 통해 바닥의 두께가 적당한지 확인한다.

14 굽의 안쪽과 바깥쪽을 번갈아 가면서 깎아준다.

19 건조 과정에서 접시 바닥이 갈라지는 것을 막기 위해 나무도구를 사용해 굽 바닥을 문질러 준다.

5) 합 만들기

합은 몸통과 뚜껑으로 이뤄져 있는 기물을 가리킨다. 합이 쌓이면 2단합 또는 3단합으로 불린다. 합을 만들 때 중요한 점은 뚜껑과 몸체를 정확히 맞추는 데 있다. 이를 위해선 세심하고 정교하게 깎는 기술이 필요하다. 또한 굽을 깎을 때 뚜껑과 몸체의 건조상태가 비슷한 상태여야 한다. 그렇지 않으면 건조 후, 소지의 수축 차이로 인해 뚜껑과 몸체가 정확히 맞지 않는 경우가 발생한다.

❶ 몸통 성형

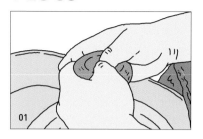

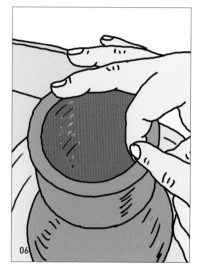
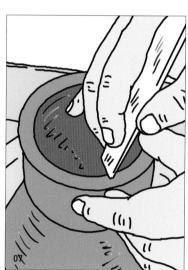

01 중심을 잡은 후, 양손 엄지를 사용해 가운데를 파 내려간다.

02 오른손 검지와 중지를 기물 안쪽에, 엄지는 바깥쪽에 대준다. 이때 왼손은 가볍게 주먹을 쥔 상태에서 검지를 사용해 바깥을 받쳐주면서 기벽을 끌어 올린다.

04 원하는 크기만큼 성형이 될 때까지 앞의 작업을 반복한다. 양손을 사용해 기물을 끌어 올리면서 성형할 때 가급적 숨을 멈추는 게 좋다. 숨이 차면 잠시 성형을 멈추고 숨을 깊이 들이쉰 다음 작업을 이어가는 게 좋다.

06 작업 중간에 왼손 검지를 사용해 전 부분을 넓고 두툼하게 성형한다. 뚜껑이 얹힐 턱을 만들어줘야 하기 때문이다.

07 나무도구를 사용해 뚜껑이 얹혀질 턱을 만들어 준다.

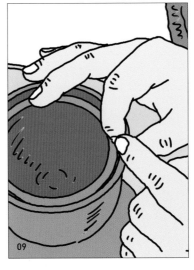
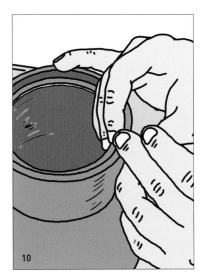
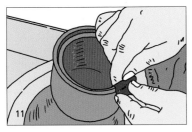

08 나무도구를 누르면서 턱을 만들 때, 기물이 중심을 잃지 않도록 왼손을 사용해 바깥 부분을 받쳐준다.

09 오른손 엄지와 검지 그리고 왼손 검지를 사용해 중심을 잡으면서 턱을 정리한다.

11 고무전대를 사용해 전을 정리한다.

12 밑가새를 사용해 기물의 밑동을 대각선으로 깊게 잘라 내려간다. 깊고 좁게

잘라낼수록 떼어낼 때 형태가 변형되지 않는다.

13 흙자름줄로 밑동을 자른다.

14 가위 모양의 양손을 사용해 기물의 밑동을 잡고 살짝 틀어 올리면서 떼어낸다.

❷ 몸통 굽깎기

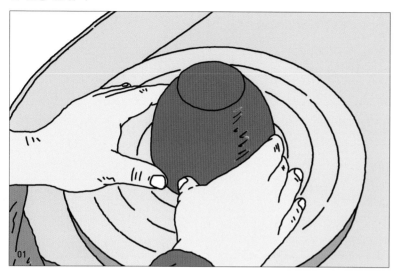

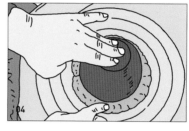

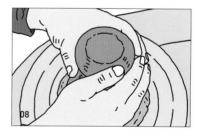
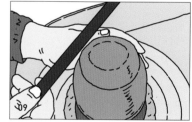

01 준비된 굽통을 물레 위에 놓고 중심을 잡는다.

02 물레를 천천히 돌리면서 굽칼 모서리를 굽통에 갖다 댄다. 이때 선이 그어지는 부분은 중심에서 벗어난 지점이다.

03 선이 그어진 부분을 양손을 사용해 앞으로 살짝 밀어주면서 중심을 맞춘다.

04 중심이 맞춰지면 굽통 밑 부분에 흙을 붙여 고정한다.

05 몸통의 크기와 형태를 고려해 굽통의 크기와 형태를 짐작한다.

06 몸통에 맞게끔 굽통을 깎아준다.

07 굽통이 완성되면 몸통을 끼워 넣는다.

08 물레를 회전시키면서 양손을 사용해 중심을 잡는다.

09 중심이 잡히면 쿱칼로 몸통 바닥을 두드려서 고정한다.

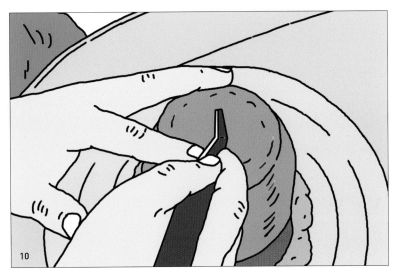

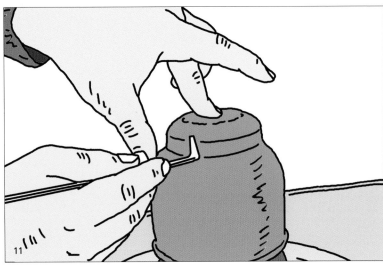

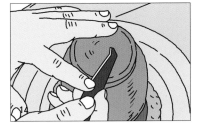

10 굽칼의 모서리 날을 사용해 바닥에 작은 홈을 만든다.

11 왼손 중지를 홈에 끼워 놓고, 엄지는 오른손이 잡고 있는 굽칼에 대준다.

　　그래야 굽칼에 힘이 들어가고 깎기가 편해진다.

12 몸통의 형태를 고려하면서 옆면을 깎는다.

13 굽 부분의 수평을 잡아준다. 이때 굽칼은 'ㄱ'자로 꺾이는 모서리 날을 사용한다.

모서리 날은 저항을 덜 받기 때문에 바닥이 울퉁불퉁하더라도 수평잡기가 편하다.

14 바닥이 정리되면 굽칼을 수평으로 잡고 깎는다.

15 바닥이 평평해지면 가운데 부분을 파 내려간다.

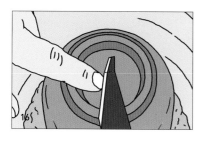

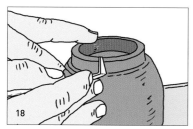

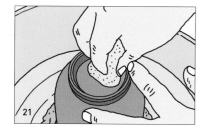

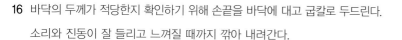

16 바닥의 두께가 적당한지 확인하기 위해 손끝을 바닥에 대고 굽칼로 두드린다.

소리와 진동이 잘 들리고 느껴질 때까지 깎아 내려간다.

18 바닥 두께가 정리되면 바깥 굽을 깎기 시작한다. 이때 바깥 굽의 높이는 안쪽

굽의 길이를 고려해 깎는다.

19 몸통의 옆면을 정리해 준다.

20 굽의 모서리 형태를 정리해 준다.

21 물에 적신 스펀지를 사용해 표면을 정리해 준다.

❸ 뚜껑 성형

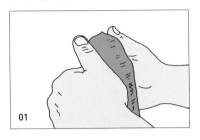
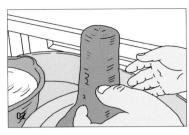
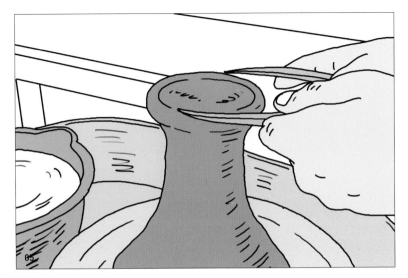

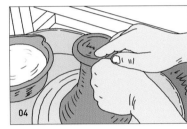
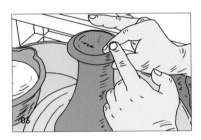
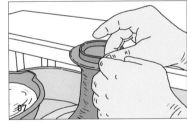
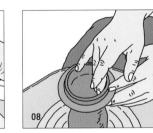

01 중심을 잡는다.

02 뚜껑 성형은 많은 양의 흙이 필요하지 않기 때문에 좁고 길게 중심을 잡는 게 좋다.

03 중심을 잡은 후, 양손 엄지를 사용해 가운데를 파 내려간다.

04 왼손으로 바깥을 받쳐주면서 오른손 검지와 중지를 사용해 바닥을 넓힌다.

05 컴퍼스를 사용해 뚜껑의 크기를 확인한다. 이때 뚜껑의 크기는 몸통 입구의

직경을 고려해 정해야 한다.

06 왼손 중지를 사용해 뚜껑의 전 부분이 넓은 경사면을 이룰 수 있도록 만든다.

07 왼손의 검지와 중지, 엄지와 검지를 사용해 턱을 만든다.

08 턱을 만들 때 손의 모양.

09 나무도구를 사용해 턱을 정리해 준다.

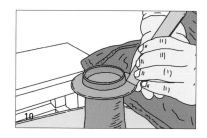 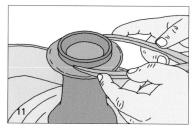  

10 턱의 날개 부분을 나무도구로 정리할 때, 오른손 중지 또는 검지를 사용해
아래로 쳐지지 않도록 밑에서 받쳐준다.

11 컴퍼스를 사용해 뚜껑 턱의 직경이 맞는지 확인한다.

12 스펀지를 사용해 뚜껑 바닥의 물기를 제거해 주면서 바닥 면을 고르게 다듬어준다.

13 고무전대를 사용해 뚜껑의 전과 턱을 매끄럽게 다듬어준다.

14 양손을 사용해 뚜껑 밑동을 잡고 훑어 내리듯 조이면서 내려온다.

16 뚜껑 밑동이 최대한 좁혀지면 양손을 사용해 떼어낸다.

17 가위 모양의 양손을 사용해 성형된 기물을 옮겨 놓는다. 이 외에도 뚜껑을
만드는 방식은 여럿 있다. **(2장 Tip12 참고 200p, Tip13 참고 201p)**

❹ 뚜껑 깎기

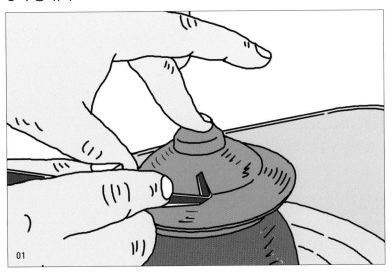

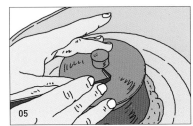

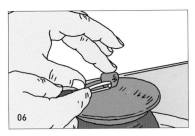

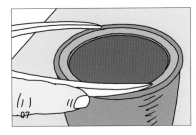

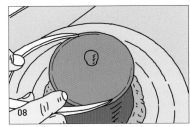

01 준비된 굽통 위에 뚜껑을 올려놓고 중심을 잡아 고정한다. 굽칼로 가운데 홈을 파고, 그 안에 왼손 중지를 넣어 중심을 잡은 상태에서 깎기 시작한다.

02 뚜껑의 형태를 고려하면서 전체적으로 깎아준다.

03 사용하기 편한 손잡이의 모양과 크기를 고려하면서 깎는다.

06 곡면을 깎을 수 있는 도구들을 사용해 뚜껑 손잡이의 크기와 모양을 다듬는다.

07 컴퍼스를 사용해 몸통 턱까지의 직경을 잰다.

08 몸통 턱까지의 직경을 기준으로 뚜껑의 직경을 정한다.

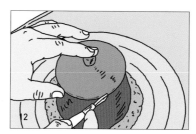

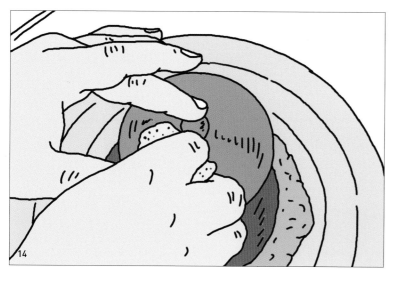

10 몸통 턱의 직경에 맞게 뚜껑을 깎는다.

11 뚜껑을 굽통에서 분리해 몸통에 맞춰본다.

12 몸통의 턱에 잘 맞지 않으면 다시 굽통에 끼워 놓고 정확히 맞춰질 때까지
반복해서 다듬는다.

13 굽깎기를 마치고 나무도구를 사용해 문질러준다. 건조 과정에서 균열이 가는

것을 방지하기 위해서다.

14 스펀지로 표면을 깨끗하게 다듬는다.

7 | 석고 성형

석고 성형은 주로 도자기 공산품을 만들 때 사용된다. 대량생산이 가능하고, 물레와 비교해 다양한 형태의 기물을 제작할 수 있기 때문이다. 그러나 소규모의 공방에서도 특별한 형태의 기물을 만들거나, 적정 규모의 양산이 필요할 때 자주 사용된다. 대신 석고작업은 물레 성형에 비해 많은 공정을 거치므로 단계별로 세세한 기술을 익혀야 한다.

1) 석고틀을 이용해 손잡이 만들기

먼저 석고를 이용한 기본제작 과정을 쉽게 이해하기 위해 컵 손잡이를 만들어 보도록 한다. 머그잔 손잡이를 석고를 이용해 만들면 손으로 빚을 때보다 훨씬 다양하고 기능적인 손잡이를 만들 수 있다.

(2장 Tip14 참고 202p)

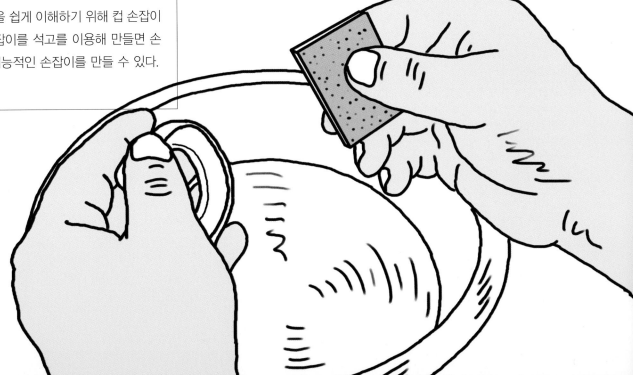

❶ 손잡이 석고 원형 만들기

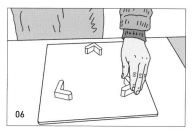

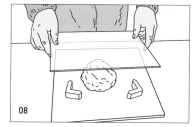

01 기본적으로 두꺼운 유리판 또는 아크릴판을 준비한다. 석고와 물을 혼합할 때 사용할 고무그릇과 우레탄 봉을 준비한다. 그리고 석고를 자르고 다듬을 때 사용할 칼과 줄톱을 준비한다. 지주는 10mm 또는 20mm 높이면 충분하다.

02 고무통에 물을 적당량 붓는다.

03 석고가루를 천천히 부어 넣는다. **(2장 Tip15 참고 204p)**

04 석고가루가 바로 침전되지 않고 수면 위에 남아있을 정도까지만 첨가한다.

05 우레탄 봉으로 천천히 저어준다. 이때 기포가 생기지 않게 한쪽 방향으로 일정하게 저어준다.

06 유리판 또는 아크릴판 위에 지주를 올려놓는다. 10mm 지주 사용 시 그 이상으로 두께를 키우고자 할 때는 동전을 올려 사용한다.

07 준비된 석고를 유리판 위에 천천히 붓는다.

08 아크릴판을 석고 위에 얹혀 놓고 좌우로 움직이면서 지주 상단에 닿을 때까지 누른다.

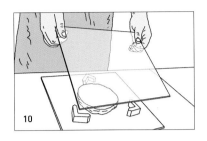

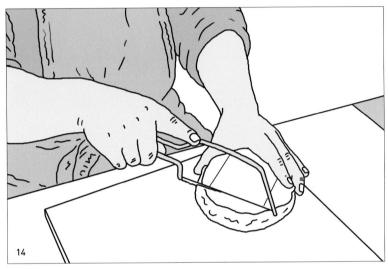

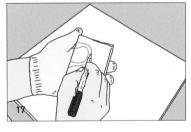
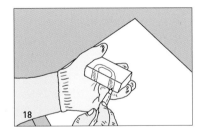

10 석고는 굳으면서 열을 발생한다. 손으로 만져보고 열이 감지되면 아크릴판을 분리한다.

11 나무칼 또는 손끝을 이용해 석고판을 떼어낸다.

13 네임펜 또는 연필과 자를 사용해 손잡이 원형을 만들 수 있는 크기로 재단한다.

14 줄톱을 사용해 적당한 크기로 자른다.

15 적당히 자른 후, 양손을 잡아 부러뜨리면 쉽게 잘린다.

16 안전을 고려해 한 손에 면장갑을 끼고 석고칼을 사용해 잘린 면을 정리한다.

17 네임펜을 사용해 손잡이 밑그림을 그린다.

18 손잡이 단면의 모양을 그려 넣는다. **(2장 Tip16 참고 205p)**

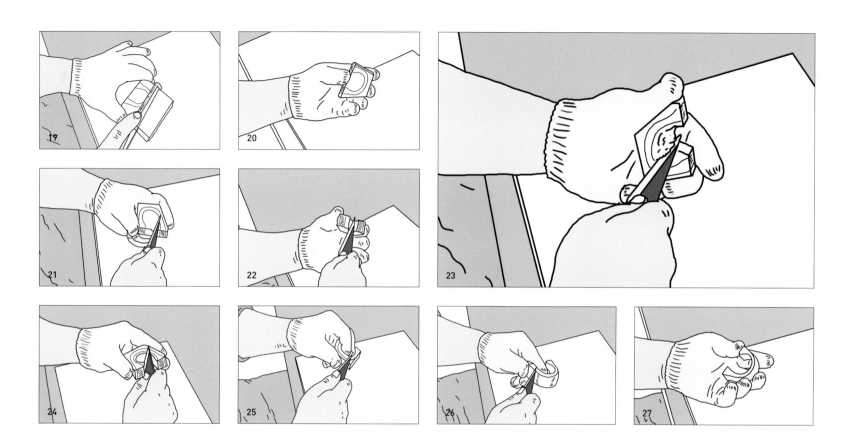

19 줄톱으로 밑그림에 맞춰 잘라낸다.

21 석고칼을 사용해 손잡이 안쪽부터 깎으면서 모양을 만들어간다.

25 안쪽 모양이 완성되면 바깥 부분을 다듬기 시작한다. 이때 손잡이 원형이

부러지지 않도록 주의해서 깎는다.

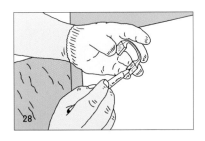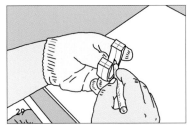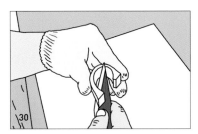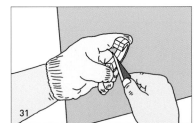

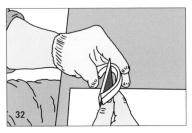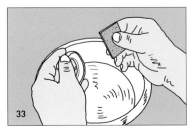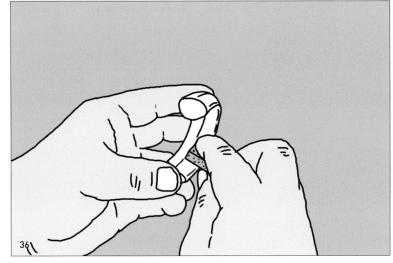

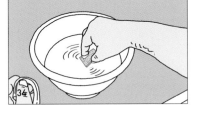

28 손잡이 기본형태가 완성되면 앞뒷면에 중앙선을 그려 넣는다.

30 중앙선을 경계로 바깥쪽으로 경사지게 면을 다듬는다. 경사진 면은 석고틀

　　작업 시 탈형이 쉽기 때문이다.

33 손잡이 형태가 어느 정도 완성되면 고운 사포로 다듬기 시작한다.

34 사포에 자주 물을 묻혀 가면서 손잡이의 표면을 곱게 다듬는다.

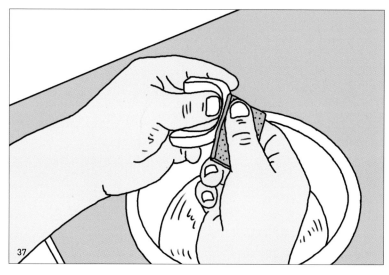

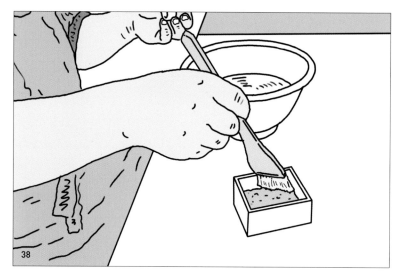

38 카리비누를 적당량의 물과 섞는다. 붓으로 거품이 일어날 때까지 섞는다.

39 붓을 사용해 카리비누를 손잡이 표면에 충분히 바른다.

40 카리비누를 충분히 바른 후. 흐르는 물에 씻어낸다. 이때 손잡이 표면에
 물방울이 맺히면 석고 표면에 피막이 형성된 것이다.

41 마른 휴지를 사용해 물기를 제거해 준다.

❷ 손잡이 석고 사용틀 만들기

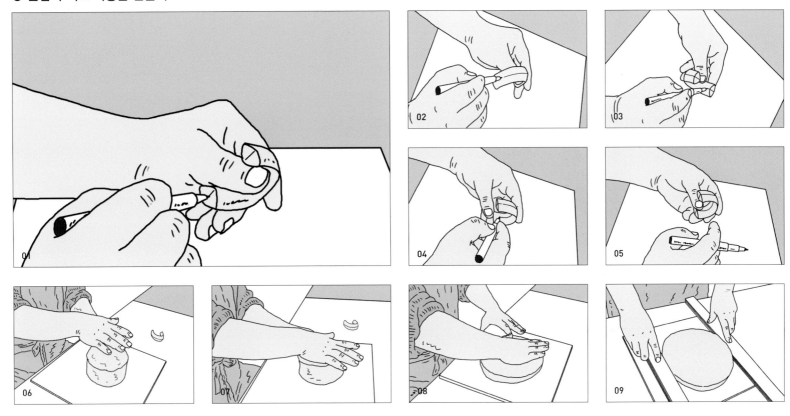

01 준비된 손잡이 석고원형에 중심선을 그려 넣는다.

06 도판을 만들기 위한 흙을 적당량 준비하고 손바닥으로 두드리면서 얇고

  넓게 펼친다.

09 여러 장의 아크릴판을 쌓아 양옆에 대고, 흙자름줄로 잘라내 수평을 잡아준다.

13 표면을 다듬어준다.

14 직각자를 사용해 사각형의 밑판을 재단한다.

16 재단한 선에 맞춰 잘라낸다.

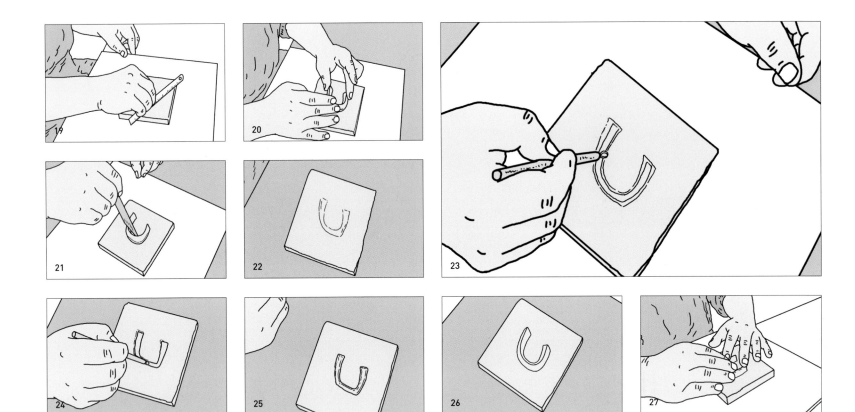

19 스틸자를 사용해 표면을 다듬는다.

20 손잡이 석고원형을 도판의 중앙에 맞춰 올려놓는다.

21 손잡이의 외곽선을 따라 밑그림을 그려 넣는다.

23 손잡이 형태의 밑그림에 맞춰 속파기 도구를 사용해 파낸다. 이때 홈의
    깊이는 손잡이 원형의 반이 잠길 정도면 된다.

26 손잡이 원형을 홈에 맞춰 올려놓는다.

27 원형에 표시된 중심선이 도판의 표면에 맞춰질 때까지 홈 안에 끼워 넣는다.

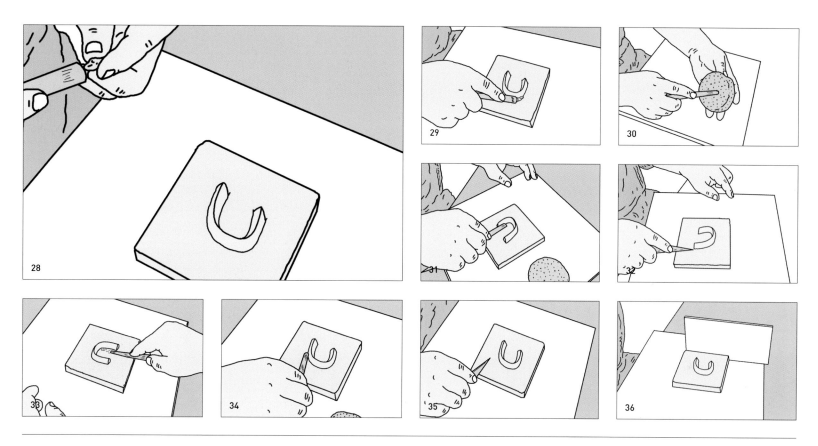

29 주변을 고르게 정리한다.

30 물에 적신 스펀지를 사용해 도구에 물을 묻혀 작업하면 표면을 부드럽게 정리

할 수 있다.

36 준비된 아크릴판을 교차시키면서 형틀을 만든다.

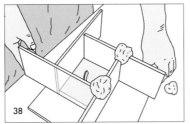
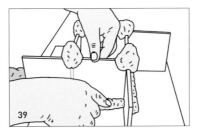
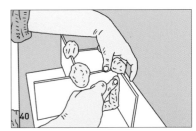

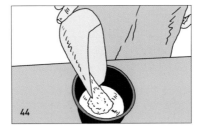

37 형틀 교차 부위에는 흙을 붙여 고정한다.

39 석고액이 새어나가지 않도록 흙을 붙여준다.

41 석고를 붓기 전에 형틀판에 두께를 표시해 둔다. 바닥면에서 3cm 정도 높이면
   적당하다.

42 고무통에 물을 부어 넣는다.

43 고무통에 석고를 천천히 부어 넣는다.

44 석고가 수면에서 바로 가라앉지 않을 정도까지 붓는다.

45 우레탄 봉으로 저어주면서 물과 혼합시킨다. 이때 가급적 거품과 기포가 만들
   어지지 않도록 한쪽 방향으로 저어주는 게 좋다.

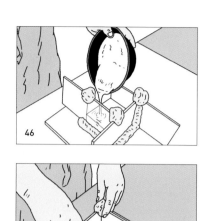
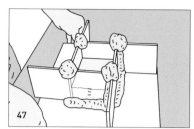
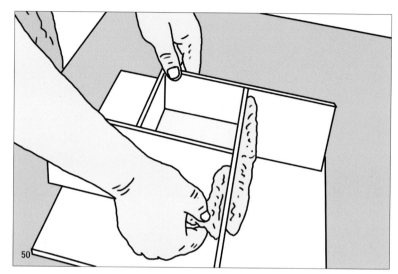
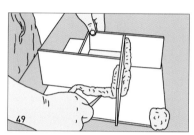
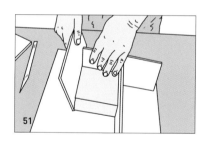

46 어느 정도 물과 혼합되고 유동성이 있을 때 형틀에 천천히 붓는다. 기포가
생기지 않도록 주의한다.

47 석고액이 골고루 채워지도록 형틀 밑판을 살짝 흔들어준다.

48 석고가 굳으면서 발생하는 열이 손끝에 감지되면, 형틀을 분리하기 시작한다.

52 형틀에서 분리된 석고형을 쇠자를 사용해 다듬는다.

53 석고형에서 도판을 떼어낸다.

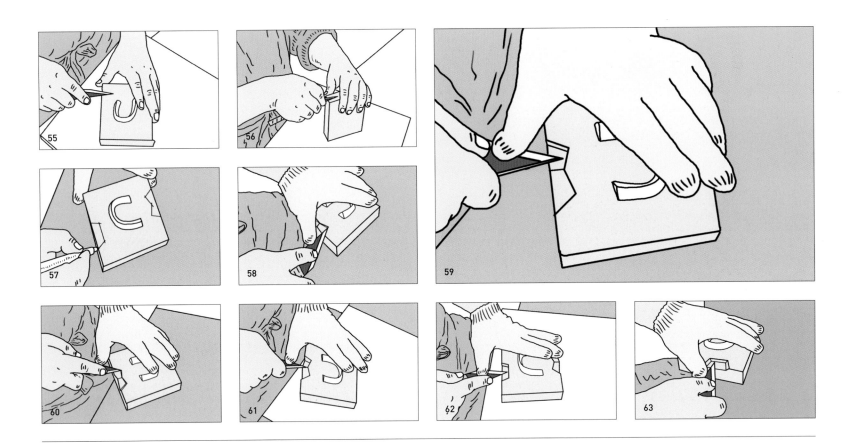

55 석고형의 표면을 평평하게 다듬는다

57 경첩 모양의 홈을 만들기 위한 밑그림을 그린다. 경첩은 석고형이 서로 맞물려

　움직이지 않게 하는 역할을 한다.

59 밑그림에 맞춰 석고칼로 조각한다. **(2장 Tip17 참고 206p)**

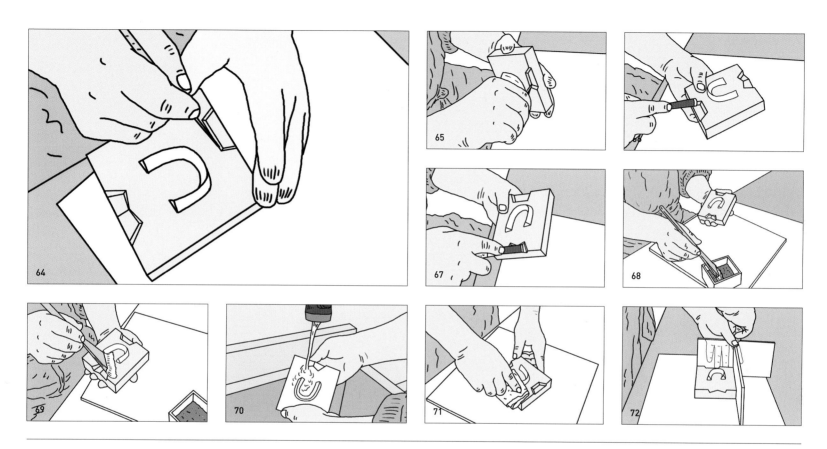

69 경첩이 완성되면 카리비누를 물과 섞어 거품을 내면서 충분히 발라준다. 카리 동일하게 형틀을 만든다.

　　비누는 석고 표면에 막을 형성해 탈형을 돕는다.

70 흐르는 물에 카리비누를 씻어낸다.

71 마른 수건이나 휴지로 물기를 닦아준다.

72 두꺼운 유리판이나 아크릴판 중앙에 석고형을 올려놓고, 앞서 했던 작업방식과

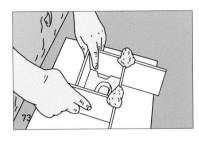 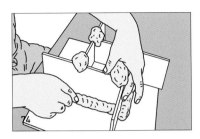 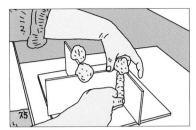 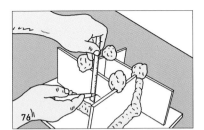

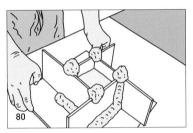 

76 바닥 면에서 3cm 정도 높이에 눈금을 표시해 석고형의 두께를 정해 둔다.

77 혼수량을 고려해 석고가루와 물을 혼합한다.

79 석고액을 형틀에 붓는다.

80 석고액이 골고루 채워지도록 밑판을 살짝 흔들어준다.

81 석고가 열을 발생하며 굳을 때까지 기다린다.

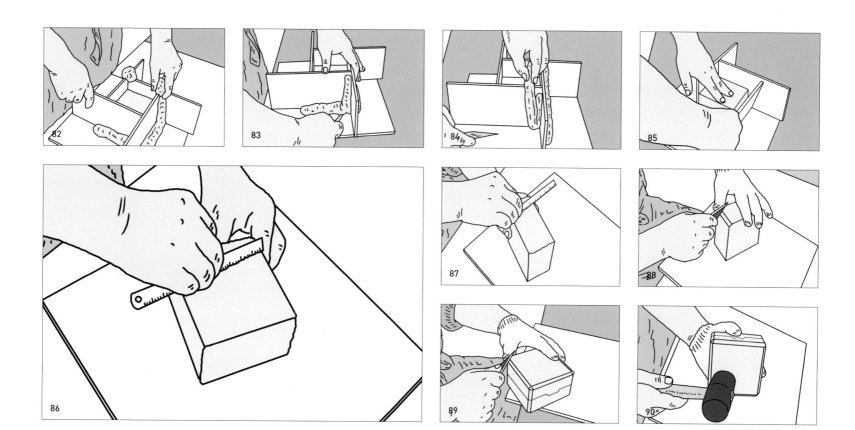

85 적당히 굳힌 후 형틀을 해체한다.

86 형틀에서 분리된 석고형틀을 쇠자를 사용해 다듬는다.

88 모서리가 쉽게 깨지지 않게 석고칼로 다듬는다.

90 고무망치로 두드리면서 석고형을 분리한다.

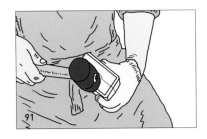  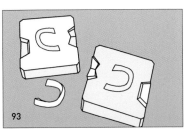 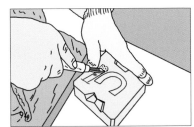

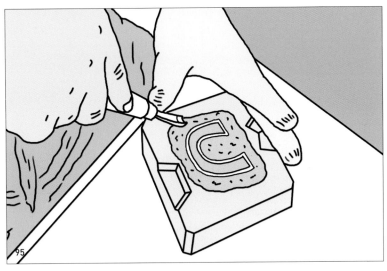 

91 고무망치로 두드리면서 석고형을 분리한다.

93 석고형에서 석고 손잡이 원형을 분리한다.

94 조각도를 사용해 손잡이 모양의 홈 주변을 파낸다.

95 나머지 석고형도 동일한 방식으로 파낸다.

96 완성된 석고형은 충분히 건조한 후 사용한다.

❸ 석고 사용틀을 이용해 손잡이 만들기

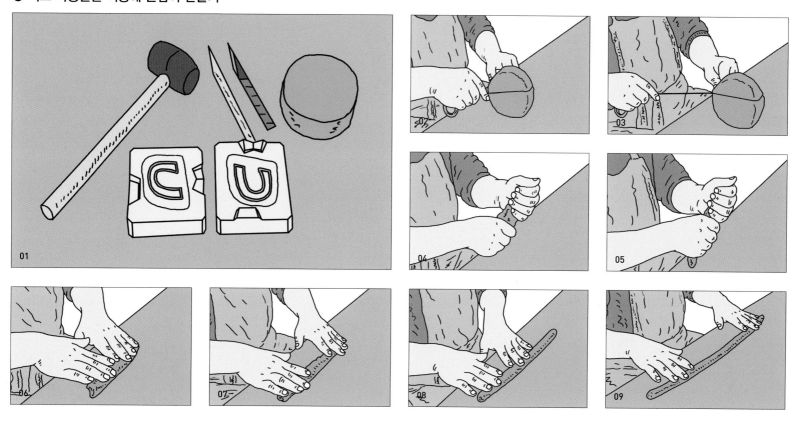

01 충분히 건조된 손잡이 석고형을 준비한다.

02 흙자름줄로 적당량의 소지를 잘라낸다.

04 양손을 사용해 주무르면서 소지를 길게 늘린다.

06 바닥에 올려놓고 양손을 사용해 굴리면서 가래떡 모양으로 만든다.

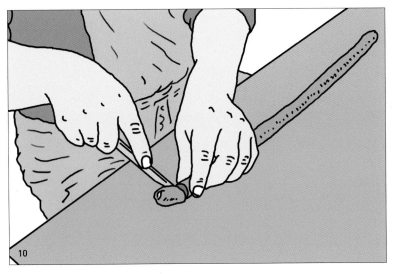

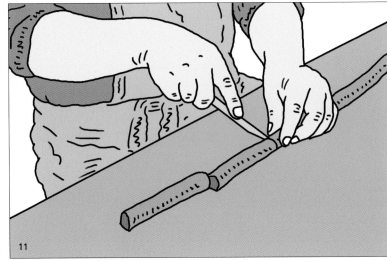

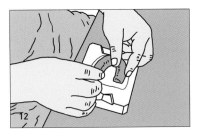

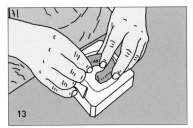

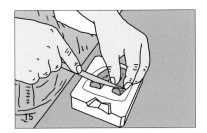

12 손잡이 만들기에 적당한 크기로 자른다.

13 손잡이 모양의 홈에 맞춰 흙을 올려놓는다.

15 크기에 맞춰 잘라낸다.

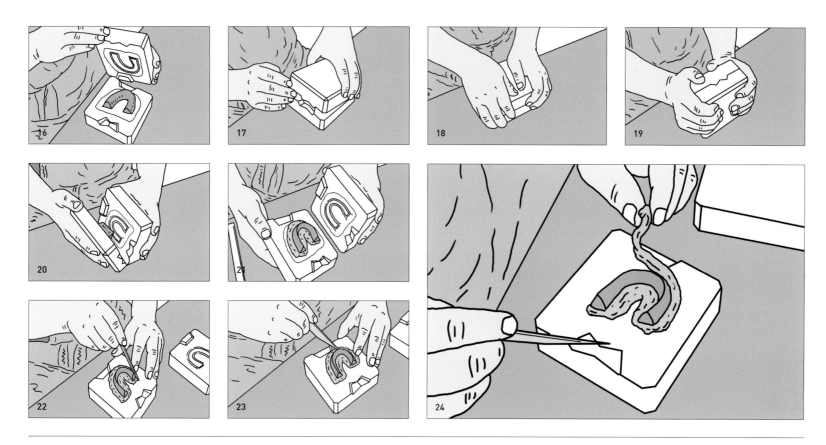

17 나머지 석고형을 포개듯 맞춘다.

19 양손에 힘을 주면서 눌러준다.

21 석고형을 분리한다.

22 여분의 흙은 나무칼을 사용해 잘라낸다.

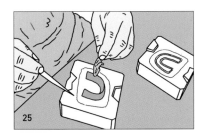

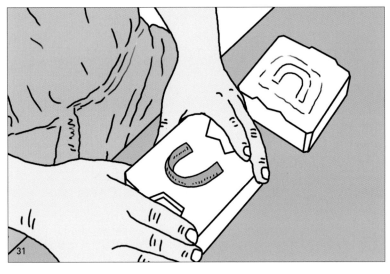

26 석고형을 다시 포개 맞춘다.

28 양손에 힘을 주면서 눌러준다.

31 석고형을 분리한다.

32 고무망치를 두드리면서 석고형에 붙어있는 손잡이를 떼어낸다.

33 조심스럽게 떼어낸다.

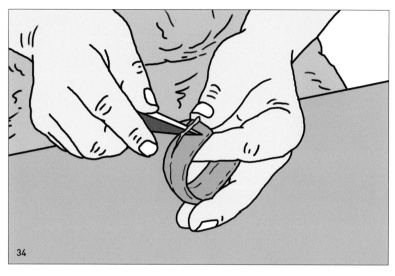

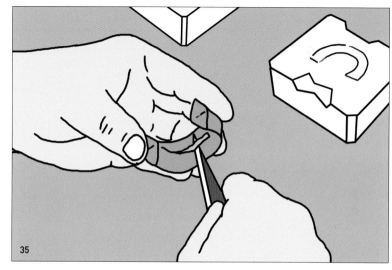

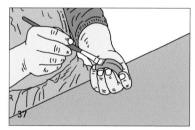

34 칼을 사용해 다듬는다.

36 물스펀지를 사용해 붓에 물을 적신다.

38 젖은 붓을 사용해 손잡이를 다듬는다.

39 완성된 손잡이는 어느 정도 건조해 굳힌 다음 사용한다. 장기간 보관이 필요
할 때는 유리나 플라스틱 밀폐 용기에 넣어둔다.

❹ 컵에 손잡이 붙이기

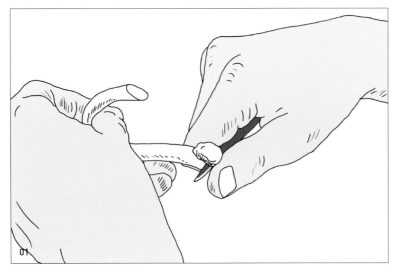

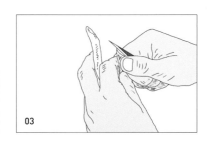

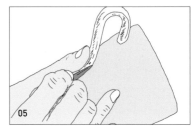

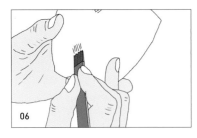

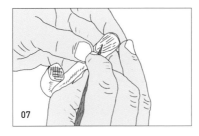

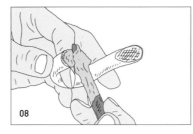

01 창칼을 사용해 손잡이를 정형한다.

02 컵에 손잡이를 대 보면서 다듬을 곳을 가늠한다.

03 컵 표면에 맞게 손잡이를 다듬는다.

04 손잡이 위치를 잡는다. **(2장 Tip18 참고 206p)**

05 손잡이 위치를 나무칼을 사용해 표시해 둔다.

06 창칼을 사용해 손잡이가 붙는 위치에 흠집을 낸다. 흠집을 내면 이장이 깊숙이 스며들어 손잡이와 컵이 단단하게 붙는다.

07 손잡이 바닥면도 창칼을 사용해 흠집을 낸다.

08 붓에 흙물을 넉넉히 입힌 후 손잡이에 바른다.

09 컵에 표시된 부위에 올려놓고 살짝 누르면서 붙인다.

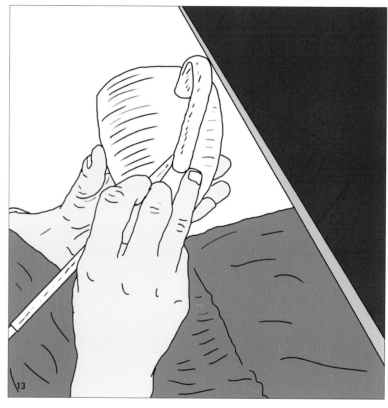

10 바르게 붙였는지 확인하고 맞춰준다.

11 물스펀지를 사용해 붓에 물을 적신다.

12 손잡이가 붙여진 주변을 붓으로 다듬는다.

13 건조 과정에서 균열을 방지하기 위해 대바늘과 같이 끝이 뾰족한 도구를
    사용해 주변을 문지르면서 눌러준다.

2) 석고틀을 이용해 사각접시 만들기

석고를 사용해 사각접시를 만드는 방법에는 크게 세 가지가 있다.

첫째, 접시의 안쪽 면이 석고형에 의해 성형되는 A방식.

둘째, 접시의 바깥 면이 석고형에 의해 성형되는 B방식.

셋째, 접시의 안쪽과 바깥 면 모두가 석고형에 의해 성형되는 C방식인데, 이는 주입성형이나 프레스 성형방식에 속한다.

이제부터 소개하고자 하는 것은 A방식으로써, 접시의 안쪽 면이 석고형에 의해 성형되는 방식이다.

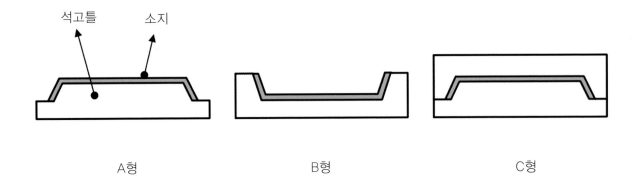

석고틀   소지

A형   B형   C형

❶ 사각접시 석고 원형 만들기

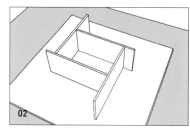

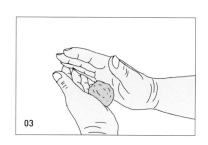

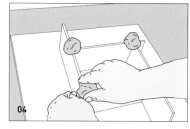

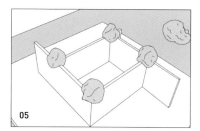

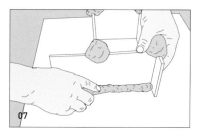

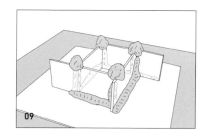

01 사각접시의 석고원형을 만들기 위해 아크릴판, 접목도, 창칼, 모델링 나무도구, 붓 그리고 흙을 준비한다.

02 아크릴판을 교차시키면서 형틀을 만든다.

03 양 손바닥을 사용해 작은 공 모양의 흙덩어리를 만든다.

04 교차된 부위에 흙을 붙여 형틀을 고정한다.

06 흙을 작업대 위에 올려놓고, 안쪽에서 바깥쪽으로 양손을 사용해 밀고 댕기면서 가늘고 길게 만든다.

07 준비된 타래 모양의 흙을 사용해 석고형틀의 틈새를 막아준다.

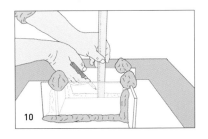

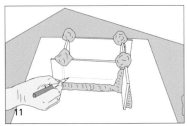

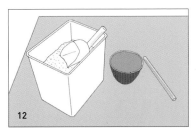

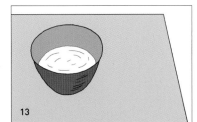

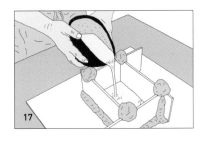

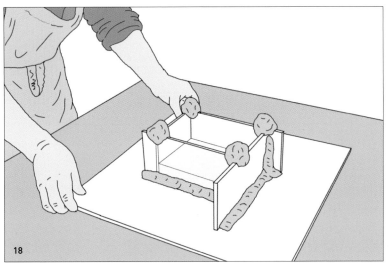

10 사각접시 석고원형의 크기를 고려해 높이를 표시한다.

12 석고를 물에 혼합하기 위해 고무통과 우레탄 봉을 준비한다.

15 석고가루가 바로 침전되지 않을 정도까지 석고를 부어 넣는다.

16 우레탄 봉으로 천천히 저어주면서 물과 혼합시킨다. 이때 가급적 거품과
기포가 생기지 않도록 한쪽 방향으로 저어주는 게 좋다.

17 눈금 표시한 선까지 천천히 붓는다. 이때 가급적 기포가 생기지 않게 조심해
서 붓는다.

18 석고액을 붓고 난 후, 바닥 아크릴판을 좌우로 살짝 흔들어 석고액이 골고루
채워질 수 있게 한다.

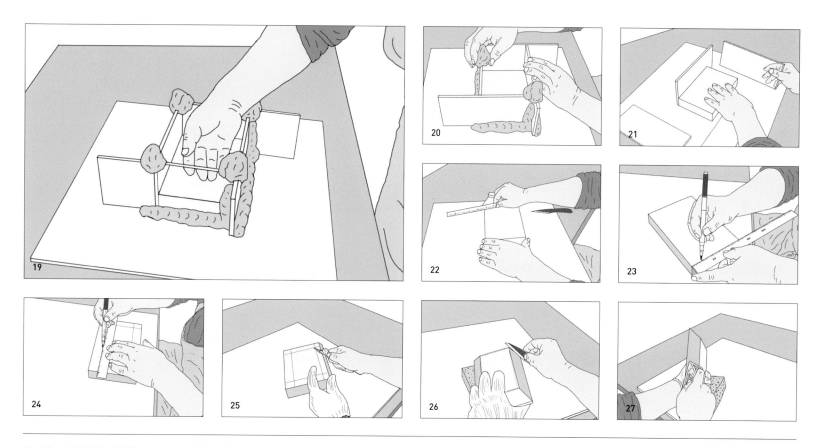

19 석고가 적당히 굳었는지 석고표면에 손을 대 본다. 열이 감지되면 형틀을 분리 27 석고대패를 사용해 면을 다듬는다.

하기 시작한다.

22 쇠자(스틸자)를 사용해 표면을 다듬어 준다.

23 사각접시의 밑면과 옆면을 조형하기 위해 재단한다.

25 재단한 선에 맞춰 석고칼(접목도)로 깎는다.

  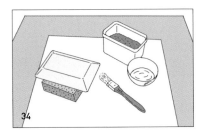

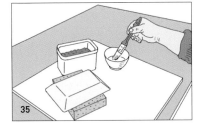 

29 스펀지 사포를 물에 적신 후, 표면을 문지르면서 곱게 다듬는다.

32 스테인리스헤라로 표면을 다듬는다.

33 흐르는 물에 닦는다.

34 카리비누(석고이형제)를 준비한다.

35 붓으로 물과 카리비누를 섞은 후, 사각석고원형에 바른다.

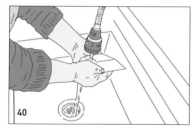

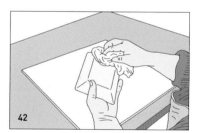

38 석고 표면에 충분히 카리비누를 발라준다.

39 바닥 면에도 카리비누를 발라준다.

40 흐르는 물에 씻어준다.

41 분리막이 형성되면 석고 표면에 물방울이 맺힌다.

42 마른 수건이나 휴지로 물기를 제거한다.

❷ 사각접시 석고 어미틀 만들기 어미틀(Mother Mold)은 사용틀(Working Mold)을 만들기 위한 석고틀이다.

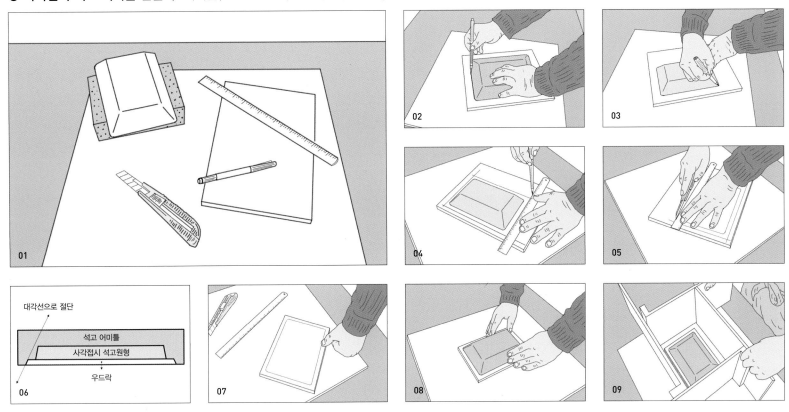

01 앞서 제작한 사각접시 석고원형과 커터칼, 우드락(7~10mm), 자, 네임펜 등을
   준비한다.

02 우드락 위에 석고원형을 올려놓고 밑면을 그린다.

04 밑면을 따라 그린 선에서 약 10mm 정도의 폭으로 바깥 선을 그린다.

05 커터칼을 사용해 선을 따라 자른다.

06 이때 우드락의 잘린 면은 바깥쪽으로 약간 경사지게 자른다.

08 우드락 판 위에 사각접시 석고원형을 재단한 선에 맞춰 올려놓는다. 이때 석고
   원형과 우드락 판을 고정하기 위해 바닥 면에 양면테이프를 사용하면 좋다.

09 아크릴판을 사용해 서로 교차시키면서 형틀을 만든다.

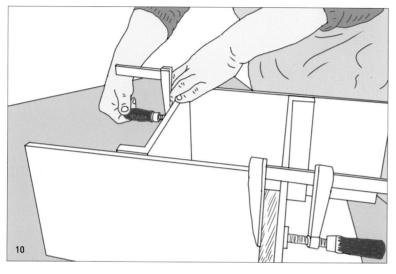

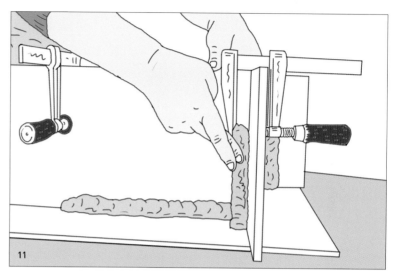

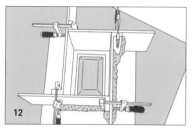

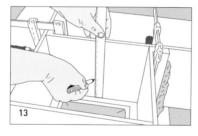

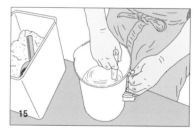

10 클램프를 사용해 형틀을 고정한다.

11 교차된 부위에 석고액이 새어나가지 않도록 흙을 붙여준다.

13 석고틀의 두께를 고려해 눈금을 표시한다.

14 물과 석고가루를 혼합해 석고액을 만든다.

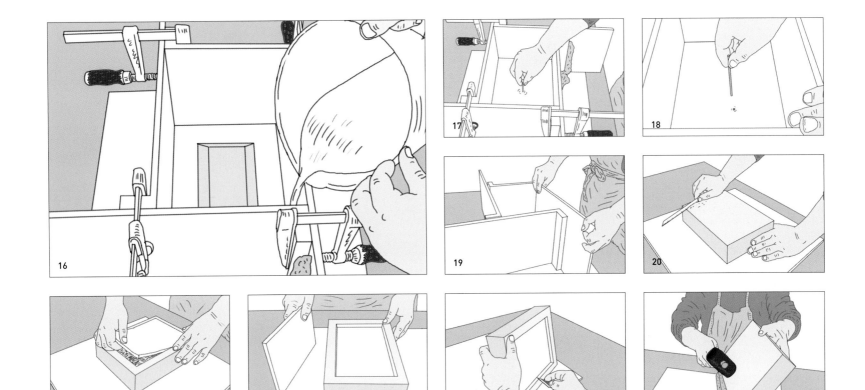

16 기포가 생기지 않도록 석고액을 천천히 형틀 안에 붓는다.

17 석고액을 부은 후 적당한 길이의 대바늘을 중앙에 꽂아둔다. 석고액이 완전히
   굳기 전에 대바늘을 빼내면 작은 구멍이 생기는데, 여기에 컴프레셔를 사용해
   에어를 불어 넣으면 석고틀을 분리할 때 편리하다.

18 석고액이 완전히 굳기 전에 대바늘을 빼낸다.

19 석고액이 열을 발생하면서 굳기 시작하면 형틀을 해체한다.

20 형틀을 분리한 후 쇠자를 사용해 표면을 다듬는다.

21 우드락 판을 뗀다.

24 고무망치를 조심스럽게 두드리면서 석고틀을 분리한다.

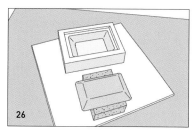

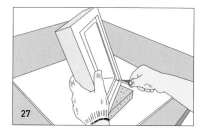

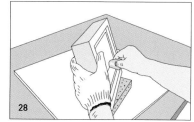

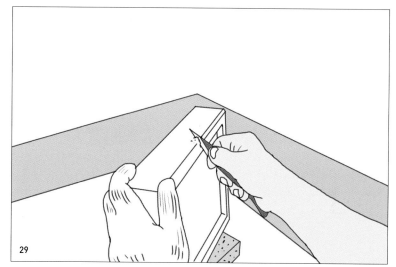

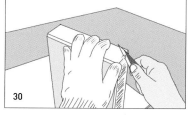

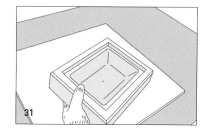

25 대바늘 구멍에 에어컴프레셔를 사용해 분리해도 좋다.

27 석고틀이 분리되면 안쪽을 여러 도구를 사용해 다듬는다.

29 석고틀 모서리 부분이 쉽게 깨지지 않도록 다듬어준다.

❸ 사각접시 석고 사용틀 만들기

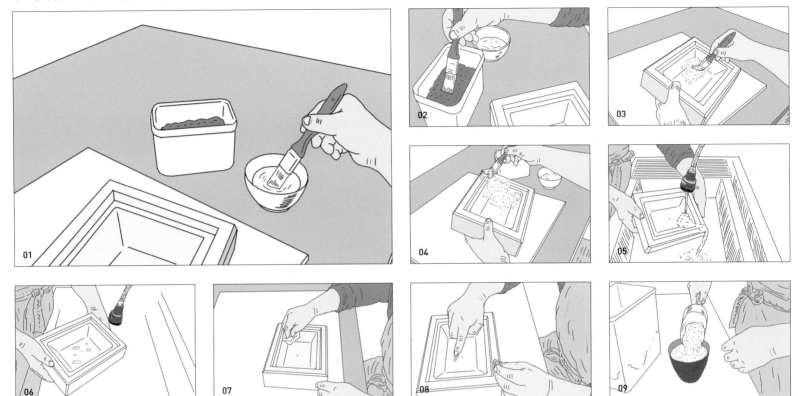

01 어미틀에 피막을 만들기 위해 카리비누와 붓을 준비한다.

03 카리비누를 물과 적당히 섞어 석고틀에 바른다.

04 석고틀 안쪽을 골고루 발라준다. 이때 석고틀 측면도 발라주는 게 좋다.

05 카리비누를 충분히 발라준 후, 흐르는 물에 씻는다.

06 피막이 제대로 만들어졌는지는 석고 표면에 물방울이 맺힌 것으로 확인된다.

07 휴지나 마른 헝겊으로 물기를 제거한다.

08 혹시 석고틀 안쪽에 기포로 인해 바닥이 고르지 않은 부분은 흙으로 메꿔 정리한다.

09 석고액을 만든다.

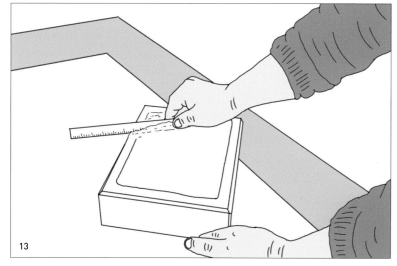

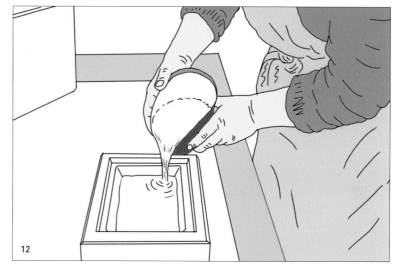

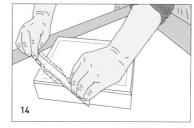

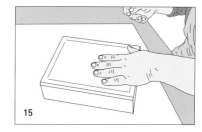

12 석고액을 천천히 부어 기포가 생기지 않도록 주의한다.

13 석고가 완전히 굳기 전에 쇠자를 사용해 표면을 다듬는다.

15 손바닥을 바닥에 대 보고 열이 느껴지면 탈형을 준비한다.

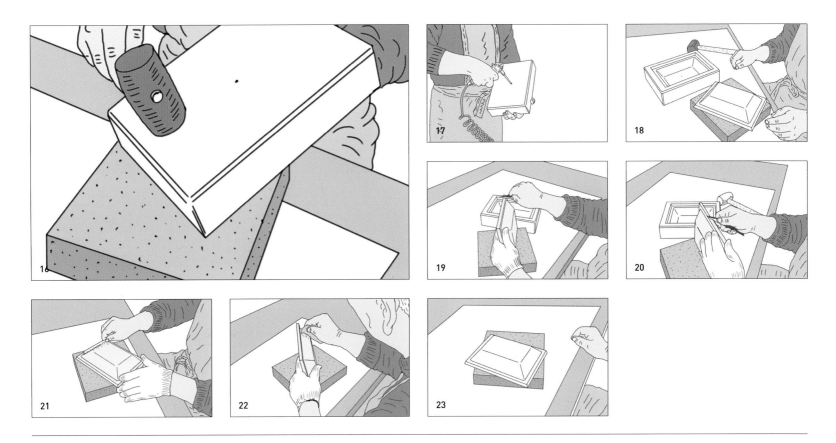

16 고무망치를 조심스럽게 두드리면서 석고틀을 분리한다.

17 이때 대바늘 구멍에 에어컴프레셔를 사용해 분리해도 좋다.

19 분리된 사용틀을 여러 도구를 사용해 다듬는다.

❹ 석고 사용틀을 이용해 사각접시 만들기

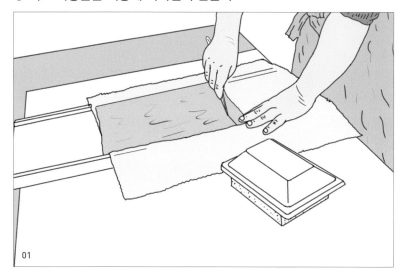

01

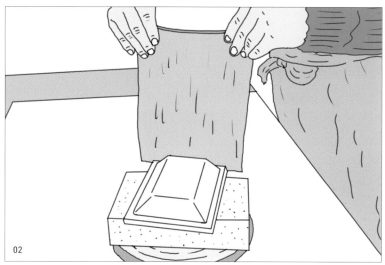

02

03

04

05

06

01 완전히 건조한 석고틀과 도판을 준비한다.

02 준비된 도판을 사용틀 위에 올려놓는다.

03 양손을 사용해 골고루 눌러주면서 접시의 형태를 잡아나간다.

06 석고틀의 바깥 선을 따라 여분은 잘라낸다.

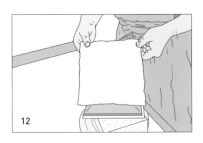

08 고무헤라 또는 플라스틱 헤라를 사용해 표면을 다듬어준다.

　　이때 헤라에 물을 발라 사용하면 편리하다.

10 물에 적신 스펀지를 사용해 표면을 다듬어준다.

12 사각접시 바닥에 광목천을 올려놓는다.

13 광목천 위에 나무판을 올려놓고 뒤집는다.

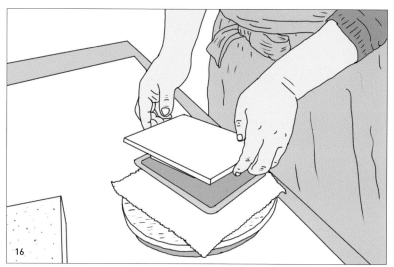

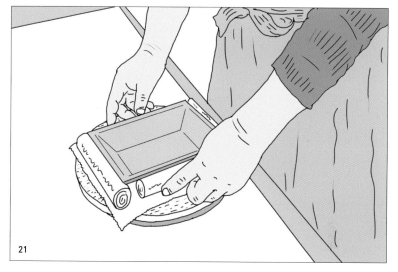

16 사용틀을 분리한다.

19 도구를 사용해 성형된 접시를 다듬는다.

20 접시가 제대로 형태를 유지하고 있는지 확인하고 손으로 잡아준다.

21 건조 과정에서 접시가 처지지 않게 하기 위해 신문지나 포장용 발포지를
    말아서 접시 옆면을 받쳐준다.

3) 이장주입으로 컵 만들기

이장주입은 석고틀에 이장을 부어 성형하는 기법이다. 이장은 마른 점토에 물을 섞어 혼합한 다음 해교제인 규산소다를 소량(점토와 물의 총중량에 1~2%) 첨가해 만든다. 규산소다는 점토의 침전을 막고 유동성을 높여줘 주입성형을 용이하게 한다. 이장주입 성형은 주로 도자기를 양산하는 공장에서 사용되지만 균일한 소량의 제품을 생산하는 공방에서도 많이 활용된다. 이장주입 성형은 물레 성형에 비해 많은 공정과정을 거치는 만큼 세심한 노력과 정확성이 요구된다. 본 장에서는 이장주입 성형의 기본과정을 이해시키기 위해 간단한 도구만으로 컵을 제작하는 방법을 소개한다.

01 준비물: ①폼보드 ②사포 ③석고대패 ④커터칼 ⑤고무헤라 ⑥카리비누 ⑦붓 ⑧플라스틱 비어커 ⑨석고가루 ⑩우레탄봉 ⑪손물레 ⑫평라이트 ⑬폼보드 ⑭고무밴드 ⑮고무그릇.

02 손물레 위에 평라이트를 사용해 원통형의 형틀을 만든다.

03 투명 테이프를 붙여서 형틀을 고정한다.

04 석고액이 새지 않도록 형틀 바닥 부분에 점토를 붙인다.

05 석고와 물을 혼합해 석고액을 만들 때, 물을 많이 첨가할수록 석고는 무른 상태가 된다. 따라서 혼수량에 맞춰 석고액을 만드는 게 좋다. 이장주입용 석고틀을 제작할 때 혼수량은 70~80 정도가 적당하다. 예를 들어 물 560cc로 혼수량 70인 석고액을 만들려면 800g(560cc÷70×100)의 석고가루가 필요하다. 저울을 사용해 무게를 재면서 고무그릇에 물을 붓는다.

06 혼수량에 따라 정해진 무게만큼 석고가루를 고무그릇에 천천히 붓는다.

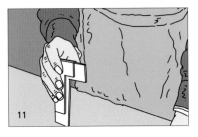

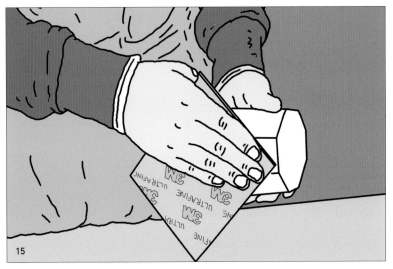

07 석고가루가 물속에 완전히 침전될 때까지 기다렸다가 우레탄봉으로 원을 그리면서 천천히 젓는다. 덩어리와 거품이 생기지 않게 하기 위해서다.

08 형틀 안에 석고액을 천천히 붓는다. 기포가 생기지 않도록 주의한다.

09 석고액을 붓고 난 후, 손물레를 좌우로 움직여서 석고액이 골고루 채워지도록 한다.

10 약 5분 정도 지나서 석고액이 부드러운 상태로 굳혀질 때쯤 형틀을 제거한다. 석고액이 많이 굳으면 형판으로 성형하기 어려우니 주의해야 한다.

11 미리 준비한 폼보드 형판을 잡고 손물레 바닥에 고정한다.

12 손물레를 천천히 돌리면서 형판에 맞춰 석고를 깎는다. **(2장 Tip19 참고 207p)**

14 컵이 완성되면 석고대패 등을 사용해 형태를 마무리한다.

15 사포를 사용해 표면을 다듬는다.

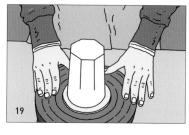

16 넓은 붓으로 석고이형제(카리비누)를 물과 섞어 컵 전체에 여러 번 발라준다.
17 석고이형제를 충분히 발라준다. 피막이 형성되면 물 세척 시 석고 표면에 물방울이 맺힌다.
18 손물레 중앙에 폼보드 원형판을 올려놓고 그 위에 컵을 올려놓는다.
19 손물레 위에서 원형판과 컵의 중심을 잡는다.
20 평라이트를 감아서 형틀을 만든다.

21 테이프를 사용해 형틀을 고정하고, 석고액이 새지 않도록 형틀 밑부분에 흙을 붙인다.
22 형틀 안에 석고액을 붓는다.
23 석고액이 어느 정도 굳으면 형틀을 제거한다.
24 쇠자를 사용해 바닥 표면을 다듬는다.

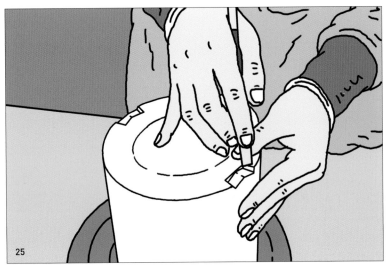

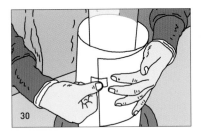

25 석고틀을 뒤집어 놓고 양쪽에 서로 다른 형태의 경첩을 만든다.

27 카리비누를 충분히 바른 후 흐르는 물에 세척한다.

28 컵의 직경에 맞는 플라스틱 또는 아크릴 원통을 중앙에 올려놓는다.

29 평라이트로 형틀을 만든다.

30 형틀을 고정한다.

31 석고액을 형틀 안에 붓는다.

32 석고액이 골고루 채워지도록 반대편에서도 석고액을 붓는다.

33 석고액이 열을 발산하면서 굳기 시작하면 형틀을 제거한다.

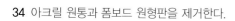

34 아크릴 원통과 폼보드 원형판을 제거한다.

35 상단의 석고틀을 분리한다.

36 원형 컵을 석고틀에서 빼낸다.

37 석고틀을 조립한 후 고무밴드로 고정한다.

38 건조기 또는 통풍이 잘되는 곳에서 석고틀을 건조한다.

39 핸드믹서기를 사용해 준비된 이장을 골고루 섞어준다.

40 목체 또는 플라스틱체를 사용해 이물질이나 응고물을 제거한다.

41 건조된 석고틀을 고무밴드로 고정한다.

42 이장을 석고틀 안에 붓는다.

 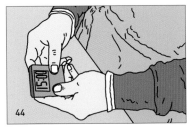  

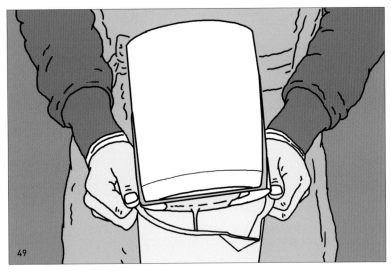  

43 이장 주입구를 폼보드나 나무판을 사용해 덮어둔다.

44 15분 정도 기다린다.

46 석고틀 내벽에 이장의 두께가 어느 정도 형성됐는지 확인하기 위해 석고틀을
   살짝 기울여 본다.

47 적당한 두께가 만들어지면 석고틀 안에 이장을 기울여 빼낸다.

48 석고틀 안에 남아 있는 이장을 완전히 빼낸다.

49 플라스틱 비커에 석고틀을 기울여 놓고 안에 남아 있는 이장을 완전히 빼낸다.

50 이장이 반건조 상태에 이르면 고무밴드를 제거한다.

51 커터칼로 주입구의 이장을 제거해 준다.

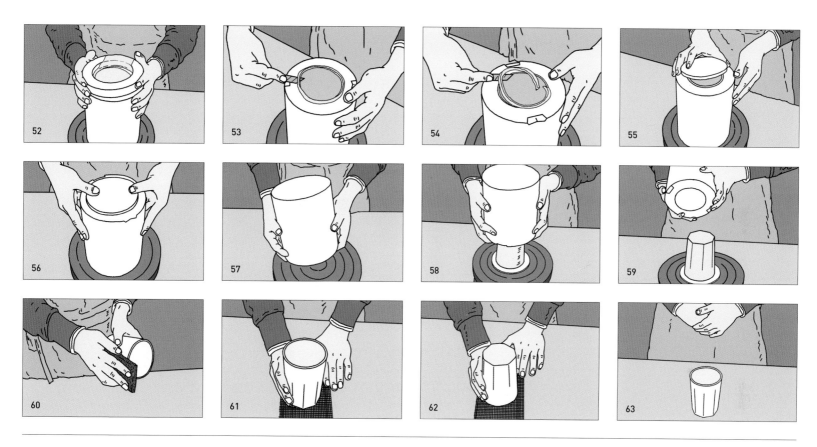

52 주입구의 석고틀을 분리한다.

53 커터칼로 전 부분을 정리한다.

55 원형판을 올려놓는다.

57 석고틀을 반대로 뒤집어 놓는다.

58 석고틀을 천천히 들어 올려 성형된 컵을 빼낸다.

60 성형된 컵을 충분히 건조한 후, 여러 종류의 사포를 사용해 정형한다.

tip2

2장 Tip

도자기 재료의 장점 중 하나는 흙으로 만들어진 것들을 쉽게 붙일 수 있다는 것이다. 이때 접합 부분에 창칼과 같은 도구로 흠집을 낸 후 이장을 바르고 붙이면 더 단단하게 붙는다. 이장이 흠집을 통해 깊숙하게 흡수되기 때문이다. 그림에서 A는 바로 붙인 경우이며, B는 흠집을 낸 후 붙인 것이다. 당연히 B의 방식이 바람직하다.

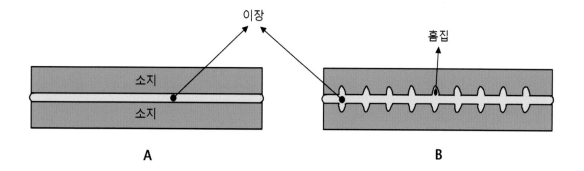

A

B

01 흙물을 만들 때는 마른 흙이 좋다. 젖은 흙은 물에 잘 풀어지지 않기 때문이다.
　 물론 급히 만들어 쓰고자 할 땐 물에 이겨서 사용해도 되지만 응어리는 채에
　 걸러 사용하는 것이 좋다. 흙물을 담아 보관하기 위해 주방용 밀폐용기를 준비한다.
02 용기에 마른 흙을 넣는다.
03 유봉과 같이 단단한 도구를 사용해 흙을 분쇄한다.
04 가급적 곱게 분쇄하는 게 좋다.
05 물을 부어 넣는다. 물의 양은 마른 흙이 충분히 흡수할 정도로 여유 있게 부어 넣는다.

06 마른 흙이 충분히 물을 흡수할 때까지 기다린다.
07 마른 흙이 충분히 물에 풀어진 상태가 되면 나무도구를 사용해 골고루 섞는다.
08 용기에 맞게 재단한 스펀지를 넣는다. 스펀지는 붓을 닦을 때 사용한다.
09 흙물이 담긴 용기를 나머지 부분에 맞춰 넣는다.
10 스펀지에 물을 충분히 붓는다.
11 손끝으로 스펀지를 누르면서 물이 골고루 배이게 한다.
12 밀폐용기의 뚜껑을 닫아 보관하면 오랫동안 사용할 수 있어 편리하다.

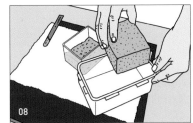

도판을 붙일 때는 그림 ① ② ③ ④의 경우와 같이 각 면의 크기가 동일하고 균형 있게 붙여야 한다. 그러나 ⑤ ⑥의 경우는 각 면의 크기가 일정하지 않고 불규칙하기 때문에 건조 과정에서 균열이 발생할 가능성이 높다.

물레에 소지를 올려놓고 성형할 때에는 회전판을 시계방향으로 돌려 사용한다. 굽 깎기 할 땐 시계 반대 방향으로 돌려 사용한다. 이렇게 양쪽 방향을 모두 사용하면 좌우 몸의 균형을 유지할 수 있어 좋고, 흙의 결이 한쪽 방향으로 쏠리지 않아 형태가 변형되거나 균열이 가는 것을 방지할 수 있어서 좋다.

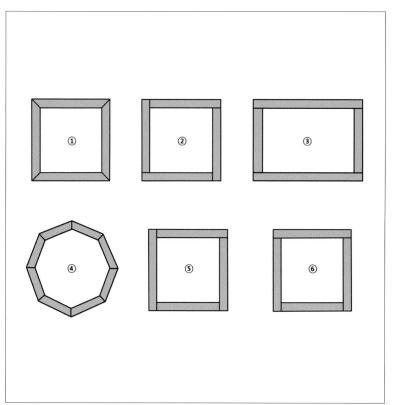

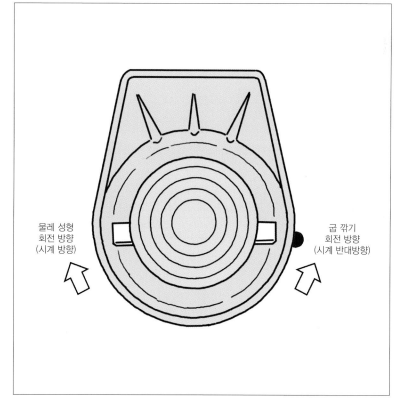

물레 성형
회전 방향
(시계 방향)

굽 깎기
회전 방향
(시계 반대방향)

01 소지의 수축률을 고려해 십자형의 도구를 만든다. 만들고자 하는 기물의 크기가 100mmx70mm(직경x깊이)이고 소지의 수축률이 15%일 때, 물레 성형 시 기물은 100mmx1.15=115mm(직경), 70mmx1.15=80.5mm(깊이)로 만들어야 한다.

03 소지의 수축률이 15%일 경우, 물레 성형시 직경 100mm 크기의 기물을

만들었다면, 소성 후에는 직경 85mm 크기의 기물이 된다.

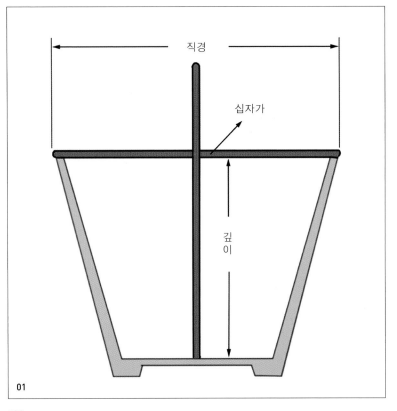

01

02

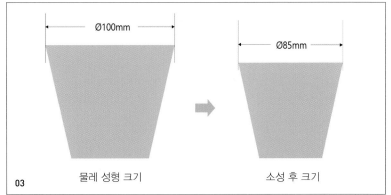

물레 성형 크기   소성 후 크기

03

01 물레에서 완성된 기물을 떼어 낼 때 주의해야 할 점은 형태가 휘거나 찌그러지지 않게 하는 것이다. 이를 위해 가위 모양의 양손을 사용한다.

02 가위 모양의 양손으로 기물의 밑동을 잡은 후 살짝 돌리면서 떼어낸다.

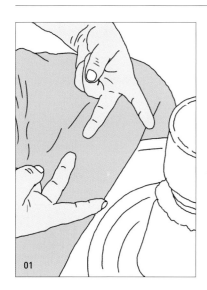

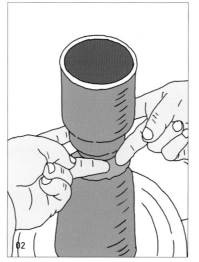

그릇의 전 부분은 마치 사람의 얼굴과 같으며, 다양한 표정을 연출할 수 있다. 따라서 동일한 그릇을 빚더라도 전의 형태에 따라 전혀 다른 느낌을 준다. 또한 일상의 공간에서 그릇을 바라보는 시각이 주로 전 부분인 점을 고려한다면 성형할 때 세심한 선택이 필요하다.

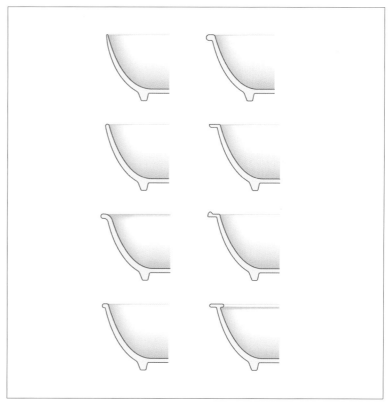

01 (굽통 사용법–발) 발 형태의 그릇을 깎을 때 굽통을 사용하는 방법

02 (굽통 사용법–접시) 접시류의 그릇을 깎을 때 굽통을 사용하는 방법

03 (굽통 사용법–접시 안쪽 면) 접시의 안쪽 면을 깎을 때 굽통을 사용하는 방법

04 (굽통 사용법–항아리, 병) 항아리 또는 병 형태의 그릇을 깎을 때 굽통을
   사용하는 방법

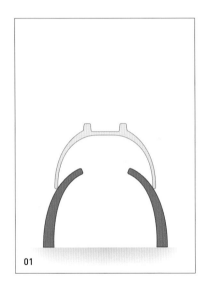

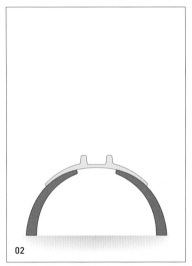

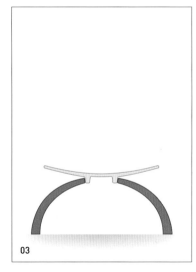

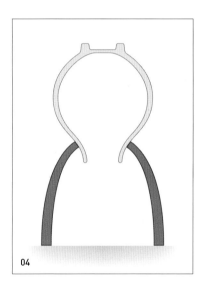

01

02

03

04

01 깎고자 하는 기물의 표면이 거친 경우엔 굽칼을 요령 있게 사용하는 것이 필요하다. 처음부터 굽칼을 거친 표면에 수평으로 맞대고 깎으면 저항감이 커서 힘을 고르게 줄 수 없다.

02 따라서 맨 처음 깎을 땐 직각으로 꺾인 굽칼의 모서리 부분을 사용해 홈을 파듯 깎으면서 거친 표면을 어느 정도 고르게 만든다. 직각으로 꺾인 모서리 부분의 칼날은 상대적으로 저항을 덜 받기 때문에 거친 표면을 다듬기 쉽다.

03 촘촘히 홈을 파낸 후, 굽칼을 수평으로 대고 깎는다.

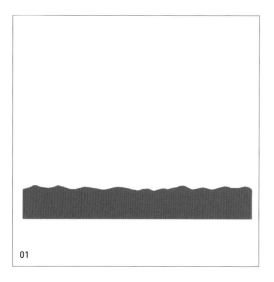

01

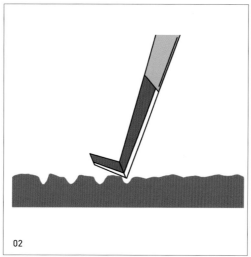

02

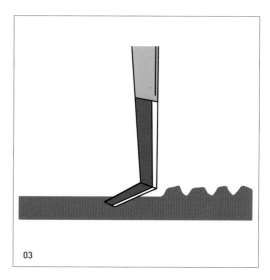

03

굽을 깎을 때는 첫째, 굽의 크기를 정해야 한다. 둘째, 굽의 형태를 정해야 한다. 굽의 크기는 직경과 굽의 높이를 정하는 일이다. 굽의 형태는 동일한 그릇일지라도 선택에 따라 느낌이 다르게 나타난다. 특히 굽의 안쪽과 바깥쪽 길이를 제대로 조정하지 못하면 그릇이 지나치게 무거워지거나 형태의 변형이 발생할 수 있다.

01 굽을 깎을 때, 맨 먼저 안쪽 굽의 길이-①를 정한 다음 바깥쪽 굽의 길이-②를 정한다. 이때 안쪽 굽의 길이는 굽 바닥 면의 두께-③에 따라 정해진다.
   적당한 바닥 면의 두께가 만들어질 때까지 굽 바닥면을 깎으면 안쪽 굽이 길이가 정해진다.

02 발 종류의 경우 굽의 크기(직경)에 따라 굽의 길이(높이)가 달라진다. Y는 굽의 바깥쪽 길이이며, X는 굽의 안쪽 길이를 나타낸다. 동일한 그릇의 형태일지라도 굽의 크기 즉, 넓이에 따라 X와 Y의 길이는 어느 한 쪽이 길거나 비슷한 경우가 생긴다.
   ① 굽의 직경이 그릇의 가운데 바닥면의 넓이에 비해 큰 경우에는 X보다 Y의 길이가 길어야 한다.
   ② 굽의 직경이 그릇의 가운데 바닥 면의 넓이와 비슷한 경우에는 X와 Y의 길이가 거의 같다.
   ③ 굽의 직경이 그릇의 가운데 바닥 면의 넓이에 비해 작으면 Y보다 X의 길이가 길어야 한다.

03 이런 원리는 접시에도 동일하게 적용된다.
   ① 접시의 직경이 그릇의 가운데 바닥 면의 넓이에 비해 큰 경우에는 X보다 Y의 길이가 길어야 한다.
   ② 접시의 직경이 그릇의 가운데 바닥 면의 넓이와 비슷한 경우에는 X와 Y의 길이가 거의 같다.
   ③ 접시의 직경이 그릇의 가운데 바닥 면의 넓이에 비해 작으면 Y보다 X의 길이가 길어야 한다.

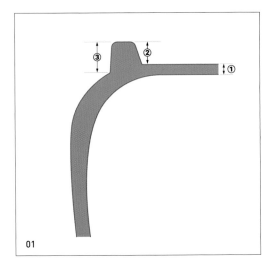

01

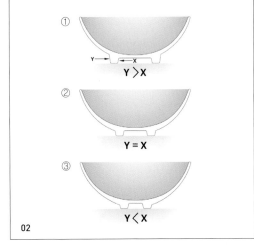

02

03

2장 Tip11 | 굽의 기본 형태와 종류 (117p_21 / 127p_28)

01 굽의 기본형태는 ①안굽과 ②바깥굽이 있다. 같은 형태의 그릇이라도 어떤
　 굽을 선택하는가에 따라 느낌이 많이 달라진다.

02 굽의 모서리 형태도 다양한 선택이 가능하다. 그릇의 미감을 살리기 위해선
　 굽 하나에도 세심한 고려가 필요하다.

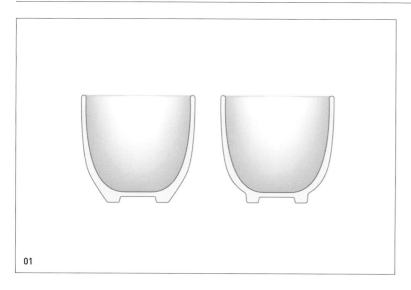

01

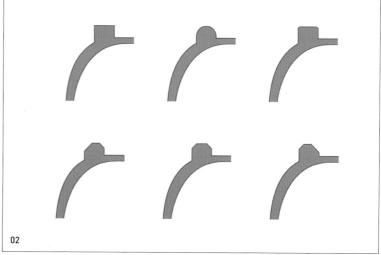

02

2장 Tip12 │ 기타 뚜껑 성형 방법1 (139p_17)

비교적 볼륨이 있고 높은 형태의 뚜껑을 만들 때 사용하는 방법이다.

01 중심을 잡은 후, 양손 엄지를 사용해 가운데를 파 내려간다.

02 양손을 사용해 기벽을 잡고 살짝 끌어 올려준다.

03 왼손으로 바깥을 받쳐주고 오른손 검지와 중지를 사용해 기벽을 위로 끌어 올린다.

04 오른손 검지와 중지를 기물 안쪽에 대고, 왼손은 가볍게 주먹을 쥔 상태에서 검지를 사용해 바깥을 받쳐주면서 기벽을 끌어 올린다.

05 기물 바깥쪽 오른손 엄지와 안쪽 검지와 중지를 사용 중심을 잡으면서 왼손 중지를

사용해 전을 누르면서 수평을 잡아준다.

06 왼손 검지로 기물의 상단 부분을 안쪽으로 밀면서 턱을 만든다. 이때 오른손 검지와 엄지는 중심을 잃지 않도록 잡아준다.

07 나무도구 등을 사용해 뚜껑의 턱 모양을 정리해 준다.

08 바닥의 물기를 제거하기 위해 스펀지를 사용한다.

09 고무전대로 전을 다듬어준다.

10 밑가새를 사용해 밑동을 잘라낸다. 13 흙자름줄을 사용해 잘라낸다.

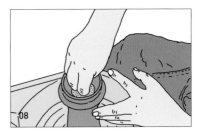
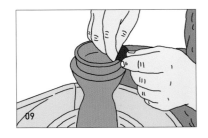
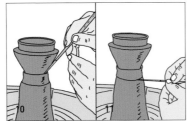

2장 Tip13 | 기타 뚜껑 성형 방법2 (139p_17)

뚜껑 손잡이 부분을 물레 성형 시 바로 만드는 방식이다. 자연스러운 형태의 뚜껑을 만들고자 할 때 사용된다.

01 양손 엄지를 사용해 가운데를 파 내려간다. 이때 손잡이의 형태를 동시에 성형한다.

03 왼손으로 바깥을 받쳐주면서 오른손 중지를 밖으로 밀어내면서 뚜껑의 형태를 만든다.

04 오른손 엄지와 검지를 사용해 기물의 중심을 잡아주면서 왼손 검지를 사용해 뚜껑

전 부분을 다듬는다.

05 고무전대를 사용해 전을 정리해준다.

06 밑가새 없이 직접 손으로 기물을 떼어내는 방식이다. 뚜껑 밑동을 양손 엄지와 검지를 사용해 훑어내듯 안쪽으로 좁히면서 내려간다.

09 좁아진 밑동을 양손으로 끊어내듯 잘라낸다.

10 준비된 건조판 위에 올려놓는다.

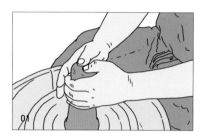

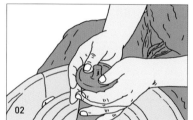

2장 Tip14 | 철삿줄로 머그잔 손잡이 만들기 (142p)

머그잔 손잡이를 손으로 빚어 만들거나 석고틀을 이용해 만드는 방법 외에도 철삿줄을 사용해 간단히 만드는 방법을 소개한다.

01 펜치, 철삿줄, 손잡이를 다듬기 위한 납작붓 그리고 철삿줄을 원형으로 감을 때 사용할 붓대를 준비한다.

02 철삿줄을 적당한 길이로 자른다.

03 굵은 붓대에 철삿줄을 감는다.

06 붓대에서 철삿줄을 빼낸 후 양쪽 철삿줄을 돌려 감는다.

11 펜치를 사용해 손잡이 단면의 모양을 만든다.

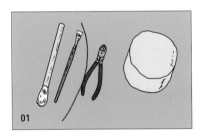

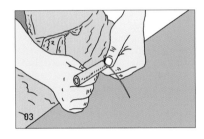
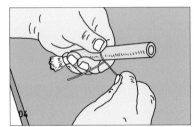
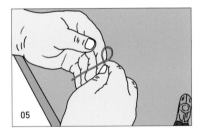

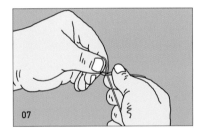
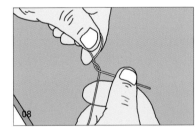
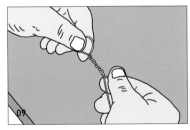
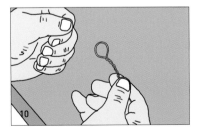
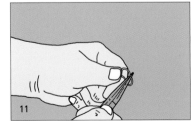
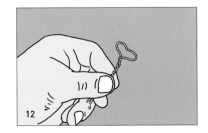

13 준비된 소지를 벽돌 모양으로 다듬어 놓는다.

14 준비된 손잡이 모양의 철삿줄을 소지 위에 수직으로 찔러 넣는다.

16 철삿줄을 단단히 잡고 앞으로 끌어당긴다.

18 철삿줄을 빼낸다.

19 철삿줄로 잘린 부분을 양옆으로 벌려준다.

21 성형된 손잡이를 빼낸다.

23 손잡이를 구부려 원하는 모양으로 만든 후 적당한 크기로 잘라 사용한다.

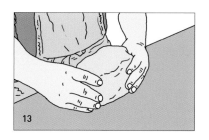
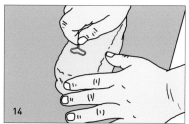
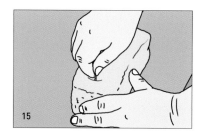
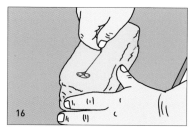
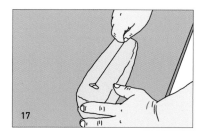
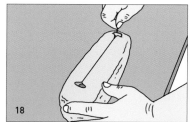
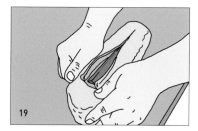

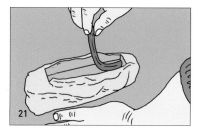

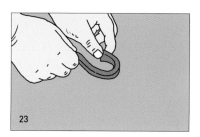

석고의 혼수량은 석고에 대한 물의 중량비를 뜻하며, 석고를100으로 했을 때 혼합하는 물의 량을 가리킨다. 예를 들어 석고 100g에 물 60cc를 혼합할 경우 혼수량은 60%가 된다. 석고의 강도를 강한 상태로 만들 때는 물의 양을 줄이고, 반대로 무르게 만들고자 할 때는 물의 양을 늘린다. 대체로 석고와 물의 혼합비를 1:1로 하면 무른 상태이고, 2:1로 하면 단단한 상태가 된다. 일반적인 성형용 석고형틀은 70~80% 정도의 혼수량이 적당하다.

$$혼수량 = \frac{물_{(cc)}}{석고_{(g)}} \times 100$$

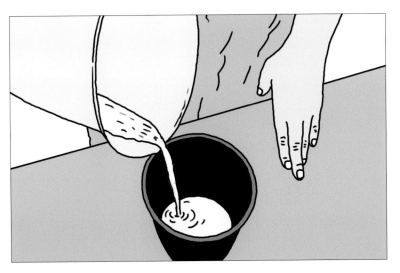
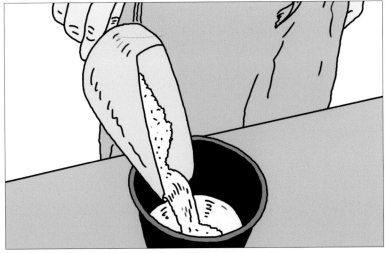

석고를 사용해 손잡이를 만들 경우엔 기능적이면서 다양한 형태의 디자인이 가능하다.
손잡이 단면의 모양과 측면의 형태 그리고 두께의 변화를 고려하는 게 중요하다.

01 컵의 측면을 그린다.

02 손잡이의 안쪽 외형을 그린다.

03 손잡이의 바깥쪽 외형을 그린다. 이때 손잡이 모양에 있어서 컵에 붙는 면은 가급적 넓게 잡아주는 게 좋다. 닿는 면이 좁으면 외부의 충격에 쉽기 깨질 수 있기 때문이다.

04 손잡이가 컵에 붙여지는 단면을 고려해 입체적으로 표현한다.

06 손잡이 단면의 형태는 다양한 선택이 가능하며 디자인의 중요한 요인이 된다.

07 ①은 손잡이의 기본적인 형태다. 컵에 닿는 면을 넓게 처리해 견고하고, 두께의 변화를 통해 생동감이 있다. ②와 ③은 닿는 면의 형태를 고려한 다양한 디자인의 사례를 보여준다.

08 ④, ⑤, ⑥은 닿는 면의 형태를 고려한 다양한 디자인의 사례를 보여준다.

09 ⑦과 ⑧은 좋지 않은 디자인의 사례. ⑦은 컵과 닿는 손잡이의 면적이 작아 견고하지 못하고, 두께가 일정해 생동감이 떨어진다. ⑧은 손잡이 경사면이 아래로 쳐져 잡기가 불편하다.

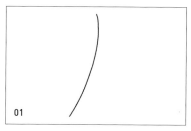

01

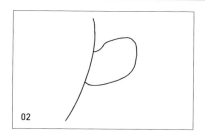

02

03

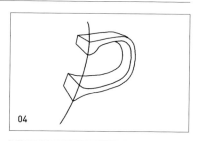

04

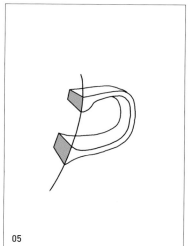

05

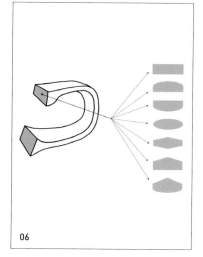

06

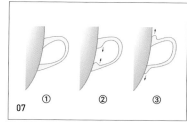

07 ① ② ③

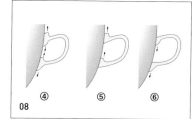

08 ④ ⑤ ⑥

09 ⑦ ⑧

01 왼쪽 모양의 경첩은 석고형의 분리가 가능하지만, 오른쪽은 분리가 안 된다.
경첩의 단면은 왼쪽처럼 안쪽 면이 위로 벌어진 형태가 되어야 한다.
반대로 좁혀진 형태는 경첩이 걸려 빠지질 않기 때문에 사용할 수 없게 된다.

02 석고틀에 경첩 밑그림을 그린다. 이때 양쪽의 경첩(A, B)은 서로 다른 모양으로
구분해서 만든다.

03 경첩 A와 B의 형태.

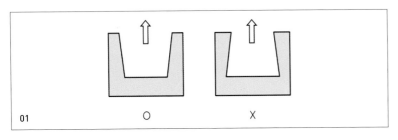

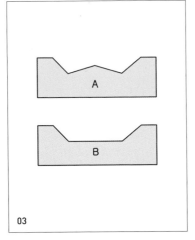

①컵의 중심축으로부터 손잡이를 잡는 부위가 멀어질수록 컵의 무게감이 커지기
때문에 적당한 거리를 유지해야 한다.

②따라서 손잡이의 가로 길이는 검지가 충분히 들어갈 정도의 폭이면 충분하다.

③손잡이의 상하 위치는 컵의 세로 중심축에서 약간 위쪽에 붙여야 잡기 편하다.

④손잡이의 윗면은 최소한 수평이거나 바깥쪽으로 비스듬히 올라간 사선일 경우
잡기가 편하다.

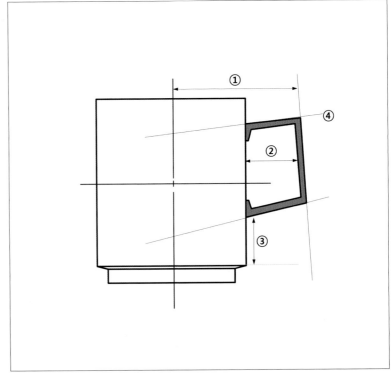

형판은 만들고자 하는 도자기 형태를 석고로 제작할 때 쓰인다. 형판은 아크릴 또는 나무 등을 사용해 만들지만 간단하게 폼보드를 사용해 만들 수 있다. 이때 폼보드의 두께는 2~3T가 적당하다.

01 만들고자 하는 컵의 중심선과 외형선에 맞춰 형판의 모양을 정한다.

02 폼보드에 형판의 밑그림을 그린다.

03 그려진 형판의 모양에 따라 커터칼을 사용해 잘라낸다.

04 형판의 외곽에 폼보드를 덧대기 위한 형태를 자른다. 폼보드를 덧대면 형판이 더욱 견고해진다.

05 순간접착제를 사용해 폼보드를 덧댄다.

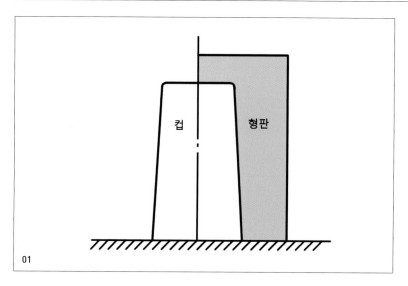

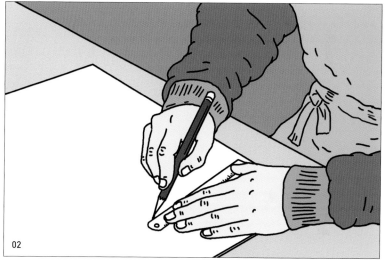

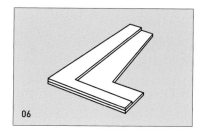

03

3장 건조

1 | 건조 과정

도자기를 제작하는 과정에서 건조 과정은 무척 중요하다. 건조는 기물의 기계적 강도를 높여 초벌구이를 할 수 있게 만든다. 그러나 아무리 성형을 잘했어도 건조를 잘못하면 기물의 형태가 휘거나 균열로 인해 실패로 이어질 수 있다. 또한 수분이 남은 상태에서 초벌을 하면 소성 중에 균열이 생기거나 파열되기 때문에 주의해야 한다. 건조는 도자기를 빚는 순간부터 시작되는데, 소지 안에 있는 수분이 증발한 결과다. 건조 결과는 수축률로 나타내는데, 대체로 10% 내외로 크기가 줄어든다. 예를 들어 직경 10cm의 컵을 성형했다면 건조 후에는 9cm 정도로 크기가 줄어든다.

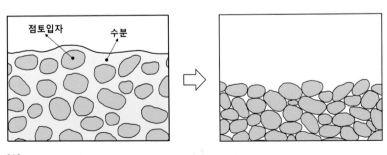

물레 성형을 기준으로 건조 과정을 정리하면 아래와 같다.

1) 물레 성형을 한 후에 건조판 위에 올려놓고 건조한다.

2) 전 부분이 어느 정도 건조되면 기물을 뒤집어 놓고 건조한다.

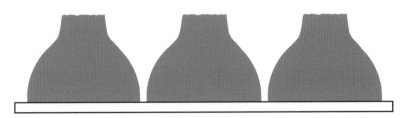

3) 굽깎기를 바로 하지 않아 보관이 필요하거나, 건조를 천천히 하고자 할 때는 비닐을 덮어 보관한다. 기물을 낱개로 보관할 때에는 비닐봉지를 사용한다.

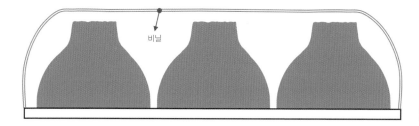

4) 굽을 깎은 후에는 기물을 다시 뒤집어 놓고 건조한다

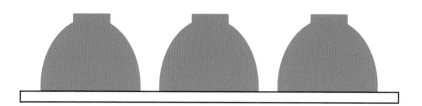

5) 어느 정도 건조가 진행되면 기물을 낱개로 바로 세워 놓거나, 포개 놓을 수 있다. 포개 놓으면 전이 휘는 것을 방지할 수 있다.

2	건조 방법

건조 과정에서 주의해야 할 사항은 아래와 같다.

1) 직사광선을 피하고 통풍이 잘되는 그늘진 곳에서 건조한다.

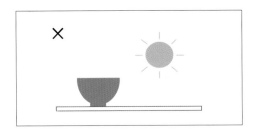

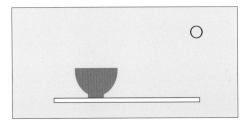

2) 기물이 골고루 건조될 수 있게 번갈아 뒤집거나 바로 세워 건조한다.

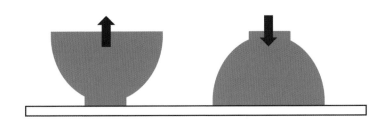

3) 가급적 서서히 건조하도록 한다. 급하게 건조하면 표면의 기공이 먼저 수축해 내부의 수분이 증발하는 것을 방해하기 때문이다.

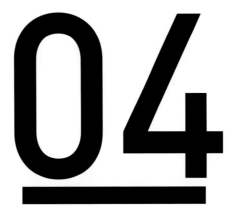

4장 초벌구이

초벌구이는 건조된 기물을 가마에서 800℃ 이상으로 소성하는 과정이다. 초벌구이의 목적은
① 소지 내에 있는 불순물과 유기물질을 소각해 소지의 채색도를 높여주고, ② 소지의 강도와 흡수율을 높여 유약 작업을 용이하게 하는 데 있다.

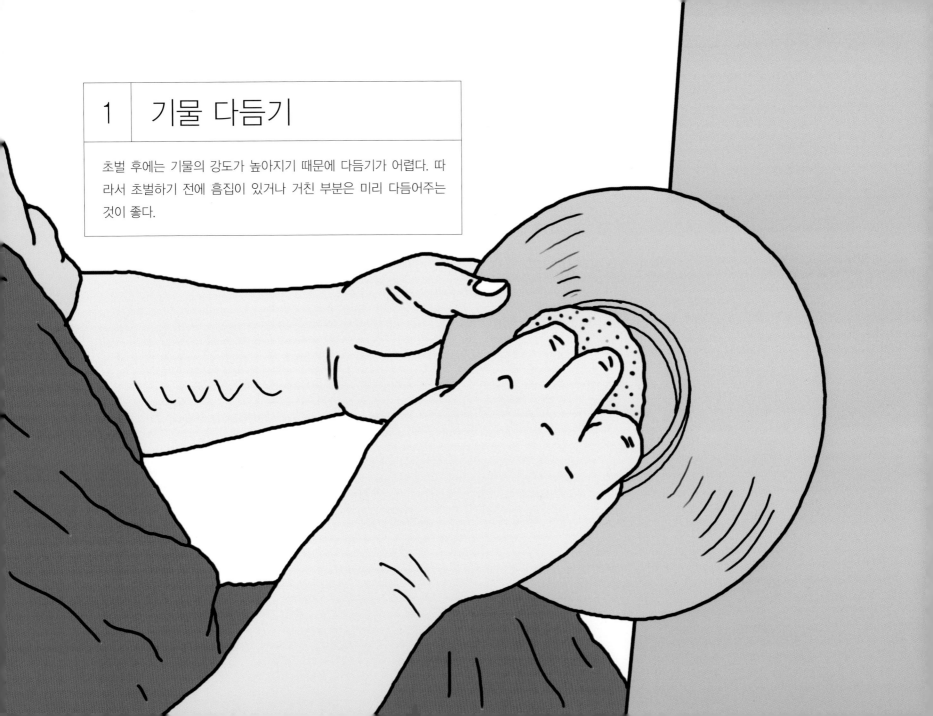

1 | 기물 다듬기

초벌 후에는 기물의 강도가 높아지기 때문에 다듬기가 어렵다. 따라서 초벌하기 전에 흠집이 있거나 거친 부분은 미리 다듬어주는 것이 좋다.

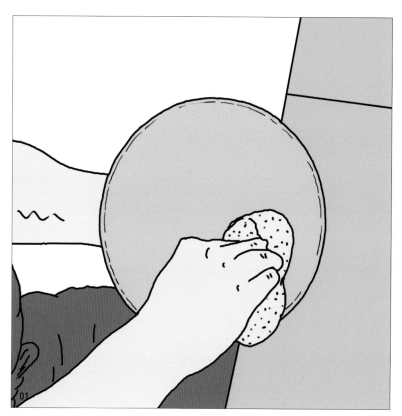

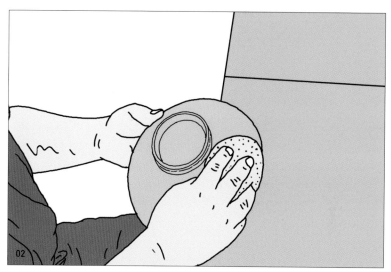

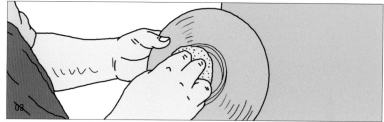

01 기물의 안과 바깥 그리고 굽 안쪽까지 상태를 확인하면서 물스펀지로 다듬어준다.

2 | 가마 재임

가마재임은 건조된 기물을 내화판과 지주를 사용해 가마에 쌓는 과정이다. 초벌가마를 재임할 때 유의사항은 다음과 같다.

①기물의 건조상태를 확인한다. 충분히 건조되지 않은 기물은 소성 중에 파손된다.

②기물의 크기와 수량을 고려해 가급적 일정한 높이의 간격으로 내화판을 쌓도록 계획한다.

③공간의 여유를 줘야 한다. 너무 빽빽하게 재임하면 열 순환이 어려워 온도 상승이 늦거나 균일한 소성이 어렵다.

④초벌구이는 기물을 포개서 재임할 수 있다. 그러나 너무 많이 포개서 쌓을 경우, 하중에 의한 균열이 생길 수 있으니 주의해야 한다.

포개는 방법은 아래 그림과 같다.

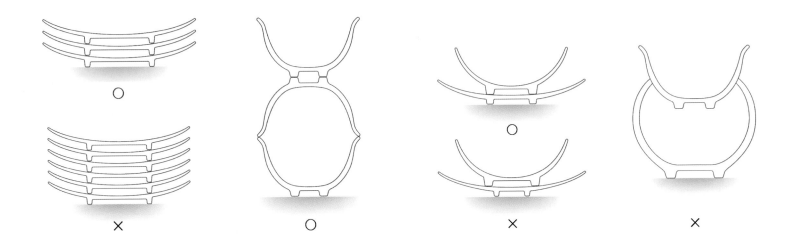

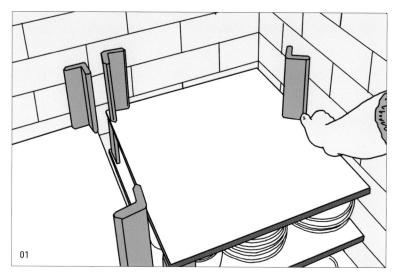

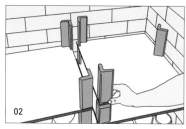

01 내화판 위에 지주를 올려놓는다. 지주는 세 개를 사용한다. 두 개는 내화판
   모서리 끝에. 나머지 한 개는 내화판 가장자리 중앙에 올려놓는다. 이 같은
   지주의 위치는 가마재임이 끝날 때까지 동일하게 유지한다.

03 건조된 기물을 내화판에 올려놓는다.

04 지주에 내화판을 올려놓는다.

06 동일한 방법으로 가마 안에 재어 넣는다.

07 형태와 크기를 고려해 낱개 또는 포개서 재임한다.

3 | 소성

소성은 3단계의 과정을 거친다. 첫 번째는 소성. 두 번째는 냉각. 세 번째는 소성된 기물을 가마에서 꺼내는 가마풀기다.

소성 과정

① 소성 온도

초벌의 소성 온도는 기물의 크기와 두께에 따라 다르다. 따라서 크기가 크고 두꺼울수록 소성 온도가 높아질 수 있다. 그러나 900℃ 이상으로 소성할 경우, 소지의 유리질화로 인해 유약작업에 문제가 있을 수 있으므로 유의해야 한다. 대개 800℃~850℃로 소성하면 충분하다.

② 소성 방법

소성은 가급적 천천히 온도를 올려준다. 특히 초반에 온도상승이 중요한데, 기물에 남아있는 수분이 완전히 증발하는 200℃까진 천천히 온도를 올려주는 게 좋다. 수분이 남은 상태에서 온도가 급히 올라가면 자칫 기물이 파손될 수 있기 때문이다.

소성을 위한 가마에는 전기가마와 가스가마가 있다. 전기가마는 자동온도 콘트롤러가 부착되어 있어 매뉴얼에 따라 설정해주면 쉽게 소성이 가능하다. 반면에 가스가마는 대개 수동으로 소성하기 때문에 주의 깊은 연습과정이 필요하다. 가스가마를 사용하기 전엔 반드시 안전상태를 확인해야 하는데, 특히 가스버너의 밸브가 잠겨 있는지를 확인하는 것이 중요하다. 밸브가 열려있으면 메인 가스밸브를 여는 순간 가마 안에 가스가 유입되어 사고로 이어질 수 있기 때문이다. 가스가마 소성방법은 다음과 같다.

자동온도
콘트롤러

전기가마

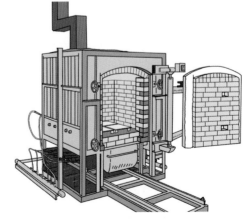

가스가마

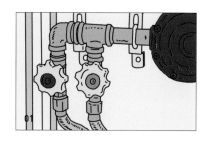
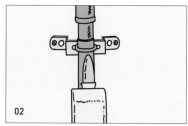
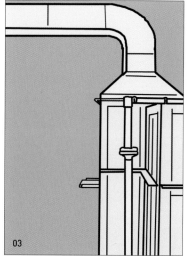

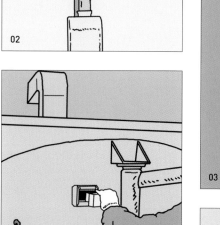
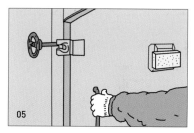
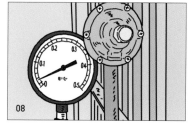

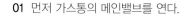

01 먼저 가스통의 메인밸브를 연다.

02 중간 밸브를 연다. 밸브 손잡이가 가스배관과 일자로 맞춰지면 열린 상태다.

03 가스가마 뒤쪽에 있는 굴뚝의 댐퍼를 확인한다.

04 댐퍼를 충분히 빼내 준다.

05 기물의 잔여 수분이 잘 증발하도록 가마 문을 조금 열어준다. 200℃ 정도까지

가마문을 열고 소성한다.

07 불보기 구멍의 내화벽돌을 빼내서 열어둔다.

08 왼쪽 가스 압력게이지를 확인하고 오른쪽 압력조절기를 사용해 가스압을 높여준다. 가마에 따라 차이가 있으나 게이지의 눈금 높이는 대개 0.02 정도면 적당하다.

09 가마에 부착된 점화기에 불을 붙인 후, 가스버너의 밸브를 연다.

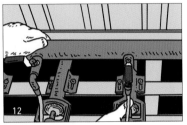

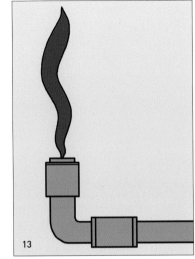

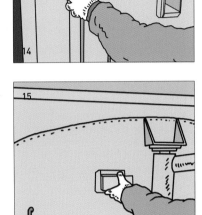

10 점화기를 사용해 화구에 불을 붙인다. 처음엔 화구의 일부만 불을 붙여 사용한다. 온도를 천천히 올리기 위해서다. 예를 들어 가스버너가 8개라면 그중 4개 정도만 점화해 사용한다.

11 불보기 구멍을 열어 내부의 불꽃 상태를 확인한다.

12 이때 불꽃이 너무 세게 타오르지 않도록 가스버너에 있는 공기조절밸브를 사용해 조절한다.

13 처음엔 불꽃 꼬리가 하늘거리면서 타오르도록 조절한다. 너무 불꽃이 강하게 타오르면 화구 가까이에 있는 기물에 불이 직접 닿아 손상을 줄 수 있기 때문이다.

14 200℃가 되면 수분이 모두 증발하지만, 가마 내부의 온도편차를 고려해 250℃ 정도에 가마문을 닫는 것이 좋다.

15 가마문의 불보기 구멍을 막는다.

16 나머지 화구에 불을 붙인다.

17 상승온도를 확인하면서 가스압력조절기를 사용해 가스압을 높여준다.

18 공기조절밸브를 사용해 불꽃의 상태를 조절한다.

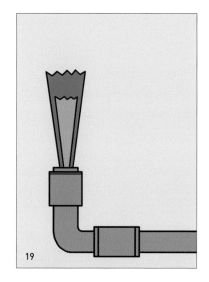

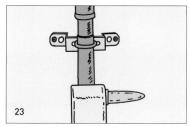

19 불보기 구멍을 통해 푸른빛의 불꽃이 보일 때까지 공기조절밸브를 열어준다.

20 수시로 온도계를 통해 상승온도를 확인한다. 1분간 상승온도를 확인해서 매 시간당 온도를 예측하고 그에 따라서 가스압력게이지와 공기조절밸브를 조절하면서 소성한다.

21 초벌온도 800℃~850℃가 되면 가스압을 낮춰준다.

22 가스버너 한 개만 남기고 나머지 버너는 가스밸브를 닫아서 불을 끈다. 동시에 공기조절밸브도 반대로 돌려서 닫아준다.

23 가스배관의 메인 밸브를 잠근다. 이때 배관에 남아있는 잔여 가스는 점화된 가스버너를 통해 완전히 연소하기 때문에 향후 안전관리에 좋다.

24 남은 가스버너의 불이 완전히 꺼지면 댐퍼를 밀어서 닫아준다.

4 | 가마 풀기

소성 후에는 냉각과정을 거친다. 보통 하루 정도 식힌 다음 가마문을 여는 것이 좋다. 급랭은 자칫 기물에 균열이 가는 손상을 줄 수 있기 때문에 서두르지 않는 게 좋다. 일반적으로 100℃에서 가마문을 완전히 연다. 초벌된 기물이 뜨거울 수 있으니 가마 풀기를 할 때는 방열장갑 또는 면장갑을 몇 겹 착용하고 작업한다.

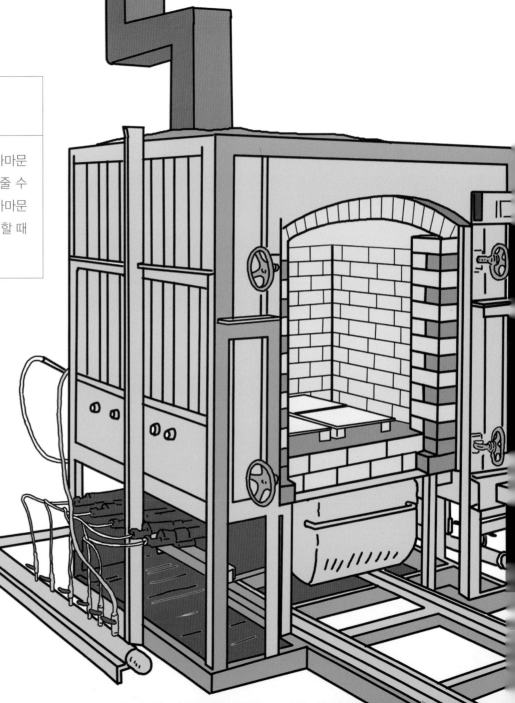

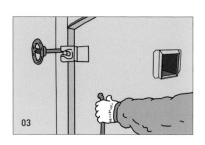

01 가마문을 완전히 열기 전에 굴뚝의 댐퍼를 빼내 준다.

02 불보기 구멍을 열어준다.

03 가마문을 조금 열어준다.

05 100℃ 이하로 내려가면 가마문을 완전히 열고 기물을 꺼낸다.

05

5장 유약 작업

1	준비 도구

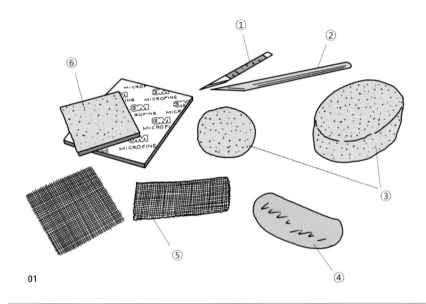

01

01 준비물 :

① 창칼 : 유약을 입힌 후 표면을 다듬을 때 사용한다.

② 대나무칼 : 창칼 모양의 대나무칼을 만들어 유약 표면을 다듬을 때 사용한다.

③ 스펀지 : 초벌구이 기물을 사포로 다듬은 후 물닦이 할 때 사용한다.

④ 스테인리스헤라 : 유약을 입힌 후 표면을 다듬을 때 사용한다.

특히 곡면을 다듬을 때 편리하다.

⑤ 스펀지 사포 : 초벌구이된 기물의 거친 표면을 다듬을 때 사용한다.

⑥ 사각 망사포 : 초벌구이된 기물의 거친 표면 또는 유약의 표면을 다듬을 때 사용한다. 이 외에도 종이사포, 천사포 등을 사용해도 된다.

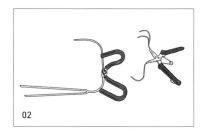

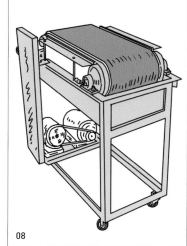

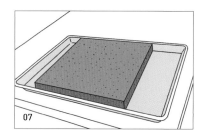

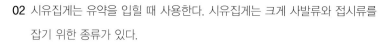

02 시유집게는 유약을 입힐 때 사용한다. 시유집게는 크게 사발류와 접시류를
   잡기 위한 종류가 있다.

03 목채는 유약을 입히기 전, 유약에 섞인 이물질을 걸러내기 위해 사용된다.
   일반적으로 150~180방 정도의 목채가 적당하다.

04 인조잔디는 유약을 입힌 후 기물을 올려놓는데 사용된다. 인조잔디를
   사용하면 굽 바닥부분에 유약이 두껍게 고이지 않아 다듬을 때 편리하다.

05 원형의 고무통은 유약을 담아 보관하고 시유할 때 사용한다. 유약의 양과
   시유조건에 따라 사각 고무통을 사용하기도 한다. 고무통에 운반구를 설치하면
   이동이 용이해 편리하다.

06 유약을 입히기 전, 유약을 골고루 풀기 위해 사용한다.

07 알루미늄 쟁반에 방석 스펀지를 올려놓고 충분히 물을 적신 후 굽을 닦을 때
   사용한다. 유약이 많이 묻으면 방석스펀지를 뒤집어 사용한다. 중간에 물을
   보충하면서 스펀지 윗면을 쓸어내듯 닦아주면 오랫동안 사용할 수 있다.

08 제유기는 자동으로 돌아가는 스펀지 패드에 굽을 닦는 기계로 공방에서 많이
   사용되고 있다. 일반적으로 소량의 도자기를 제작할 경우엔 방석 스펀지나
   작은 스펀지를 사용해도 된다.

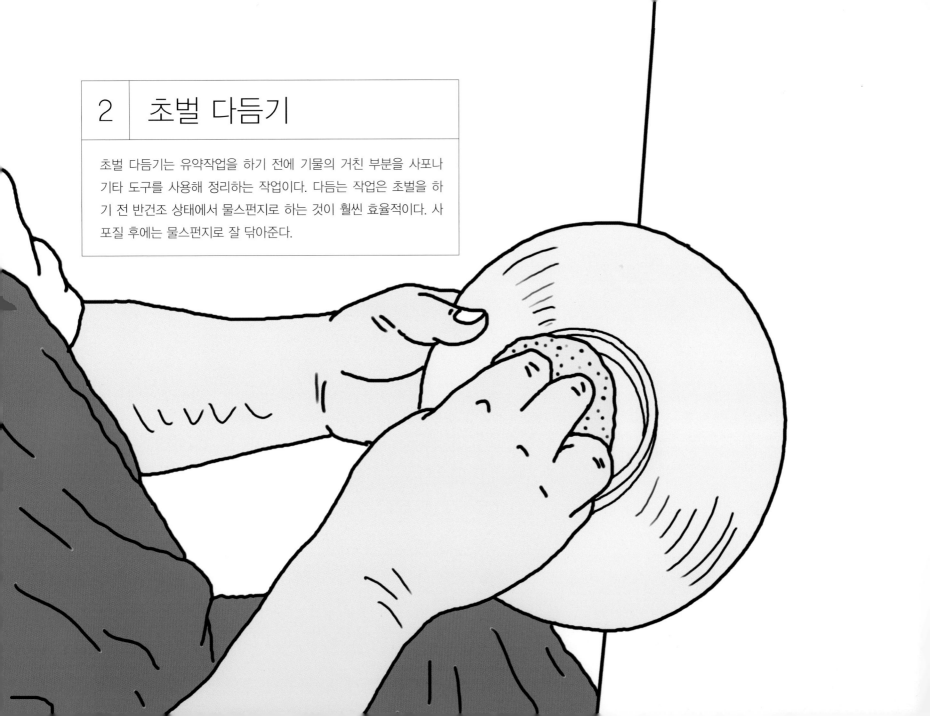

2 초벌 다듬기

초벌 다듬기는 유약작업을 하기 전에 기물의 거친 부분을 사포나 기타 도구를 사용해 정리하는 작업이다. 다듬는 작업은 초벌을 하기 전 반건조 상태에서 물스펀지로 하는 것이 훨씬 효율적이다. 사포질 후에는 물스펀지로 잘 닦아준다.

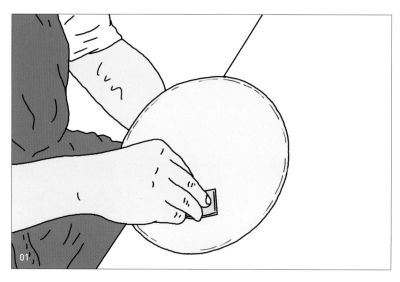

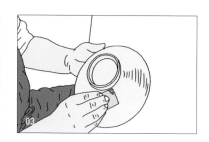
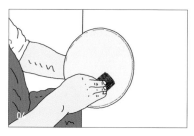

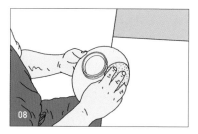
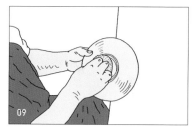

01 기물의 안쪽과 바깥쪽을 살피면서 다듬어준다. 특별히 문제가 없는 부분은
   다듬어줄 필요가 없다.

07 거친 부분을 다듬고 난 후엔 물스펀지를 사용해 기물을 전체적으로 닦아준다.
   기물 표면에 있는 먼지나 사포질로 인한 초벌구이 가루를 제거한다.

3 유약 입히기

유약을 입히는 방법은 담금법, 분무법, 붓으로 칠하는 방법 등 다양하지만, 가장 흔히 사용하는 방법으로 담금법을 소개한다. 유약을 입힐 때 주의할 점은 기물과 유약의 특성을 고려해 유약의 두께를 적당히 조절하는 것이 필요하다. 예를 들어 잘 흘러내리는 유약의 경우엔 너무 두껍지 않게 시유하는 것이 필요하다. 또한 유약의 두께에 따라 시각적 특성이 다르게 나타나는 점을 고려해 시유해야한다. 그러나 무엇보다 중요한 것은 균일하게 유약을 입히는 것이다. 이를 위해 많은 연습 과정과 경험이 필요하다.

담금법 ❶ 바깥굽 형태의 그릇 시유 방법

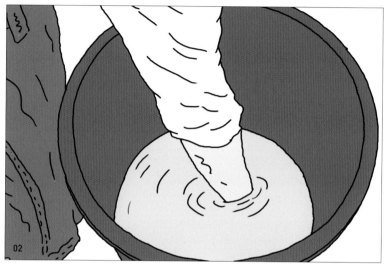

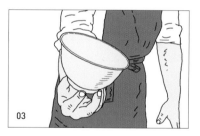

01 인페라가 부착된 전동드릴을 사용해 유약을 푼다. 유약통에 침전되어 있거나 응고된 유약을 물과 잘 섞는다.

02 전동드릴이 없는 경우엔 손으로 저어서 물과 잘 섞는다.

03 기물의 굽을 잡는다. **(5장 Tip1 참고 245p)**

04 기포가 생기지 않도록 기물을 기울여서 유약에 담근다. 기물 안쪽에 기포가 생기면 부분적으로 유약이 입혀지지 않는 경우가 생긴다.

06 기물을 유약에 완전히 담근다. 이때 너무 오랫동안 담그면 유약의 두께가 두꺼워져 문제가 될 수 있으니 적당한 시간이 필요하다. 대개 작은 기물인 경우 2~3초 정도면 충분하다. 물론 기물이 크거나 두께가 두꺼울 경우엔 좀 더 시간을 줘도 된다.

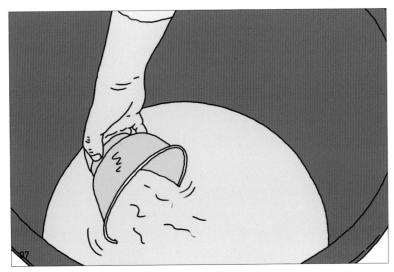

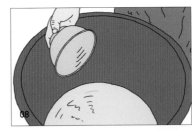

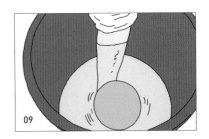

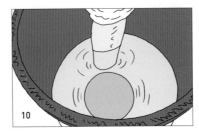

07 기물을 유약에서 꺼낼 때도 기울여서 꺼낸다.

09 기물을 바로 세워서 유약 속에 다시 담근다.

10 기물의 바깥면이 거의 잠길 때까지 유약에 담근 후 곧바로 꺼낸다.

　이렇게 하면 흘러내린 유약 자국이 없어져 다듬을 때 편리하다.

13 시유를 마치면 준비된 인조잔디 위에 기물을 올려놓는다. 인조잔디를 사용하면

잔디 사이로 유약이 흘러내려 굽 부분에 유약이 두껍게 맺히는 것을 방지해 준다.

❷ 안굽 형태의 그릇 시유 방법

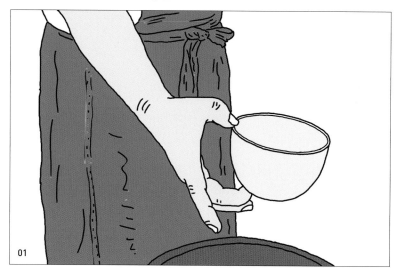

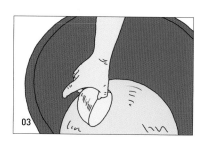

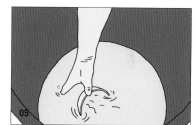

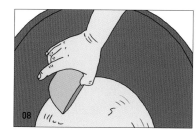

01 엄지와 중지를 사용해 기물을 잡는다.

04 기포가 생기지 않도록 기물을 기울여서 유약에 담근다.

06 유약에 기물을 완전히 담근다.

07 2~3초 정도 지나 유약에서 꺼낸다. 담그는 시간에 따라 유약 두께는
두꺼워지는 것은 물론이고 지나치면 건조가 더뎌지거나 유약 흡착이 안 된다.

08 기물을 기울여서 꺼낸다.

09 다시 기물을 바로 세워서 옆면이 거의 잠길 때까지 유약에 담갔다 꺼낸다.

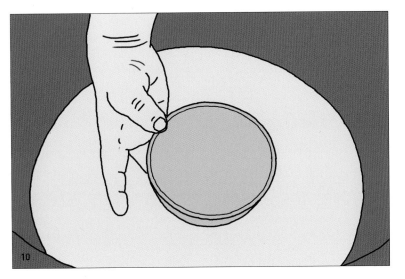

12 기물의 윗부분이 마르면 손을 바꿔 잡고 인조잔디에 올려놓는다.

14 유약이 묻지 않은 전 부분은 손에 묻은 유약으로 덧칠해준다.

❸ 접시 형태의 그릇 시유 방법

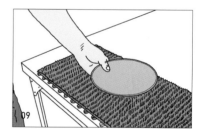

01 접시의 굽을 잡는다.

02 접시를 거의 수직으로 세우듯 기울여서 유약에 천천히 담근다.

06 완전히 담갔다가 천천히 유약에서 꺼낸다. 이때 급히 꺼내면 유약이 흘러내린
     자국이 남아 다듬는데 많은 시간을 들이게 된다.

08 유약이 일부 마르면 다른 손으로 옮겨 잡고 인조잔디에 올려놓는다.

❹ 집게를 이용한 접시 시유 방법

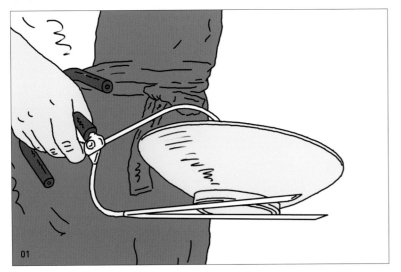
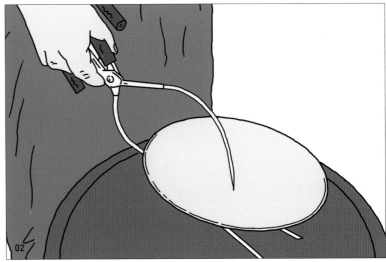
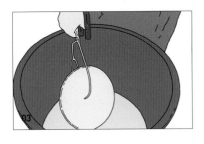

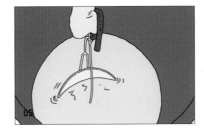
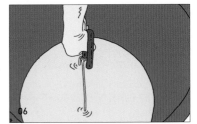

01 접시용 집게를 사용해 접시를 잡는다.

04 접시를 거의 수직으로 기울여서 천천히 유약에 담근다.

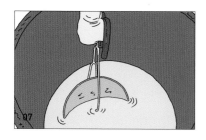

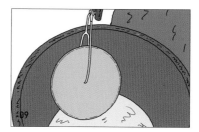

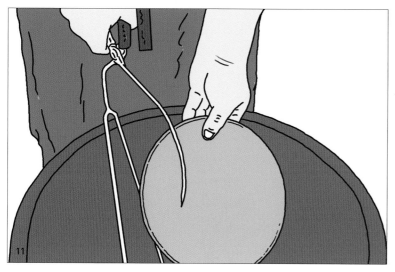
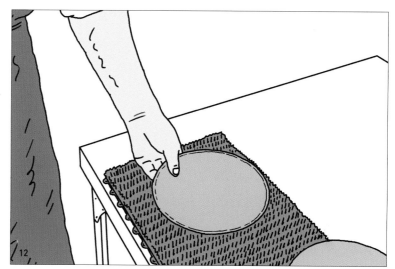

07 완전히 담갔다가 서둘지 않고 천천히 접시를 꺼낸다. 급히 꺼내면 유약이 흘러

내린 자국이 생긴다.

09 접시를 기울인 상태에서 잠시 기다리면 윗부분부터 마르기 시작한다.

10 접시의 마른 부분을 다른 손으로 옮겨 잡는다.

시유를 마치면 유약 표면을 다듬어준다. 유약이 흘러내린 자국을 다듬지 않으면 소성 후에도 그대로 남게되어 흠이 될 수 있기 때문이다. 또한 유약이 벗겨지거나 입혀지지 않은 부분이 있으면 이를 보완하기도 한다.

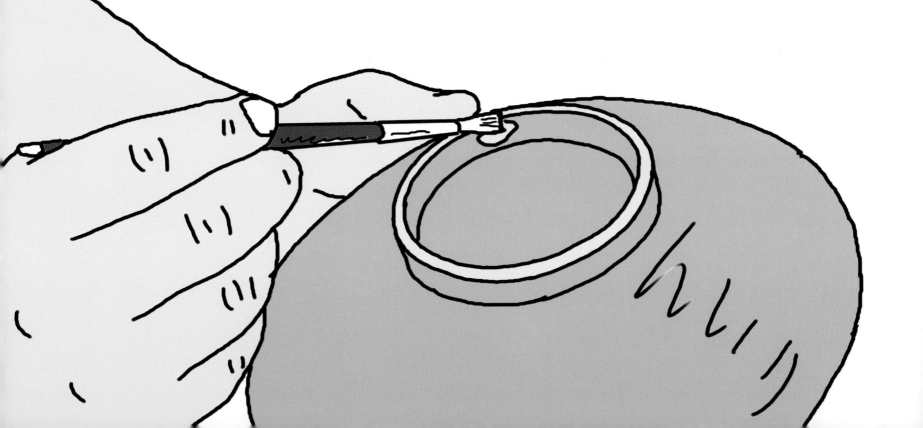

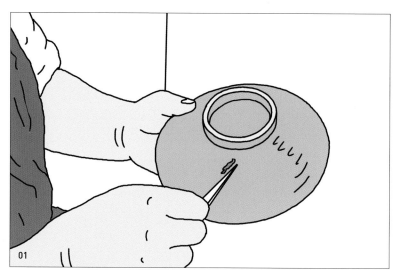

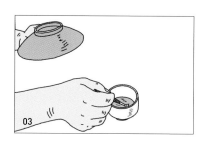
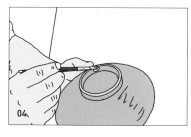

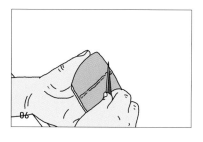

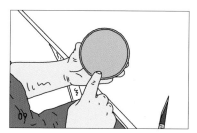

01 표면에 물방울처럼 유약이 맺혀 있으면 칼로 긁어 평평하게 다듬는다.

02 시유 후 표면에 생긴 핀홀 같은 작은 구멍은 손으로 문질러 다듬는다.

04 유약이 입혀지지 않은 부분은 붓으로 칠해준다.

06 유약이 흘러내린 자국은 칼로 평평하게 다듬어준다.

08 전 부분은 유약이 잘 벗겨진다. 확인 후 붓으로 발라주거나 손으로 문질러 고르게 다듬는다.

5	굽 닦기

굽 닦기는 굽에 있는 유약을 제거하는 과정이다. 재벌구이 고온소성
에서 굽에 묻은 유약을 제거하지 않으면 기물이 내화판에 붙어 못
쓰게 된다. 가마재임 하기 전에는 반드시 굽 닦기 확인이 필요하다.

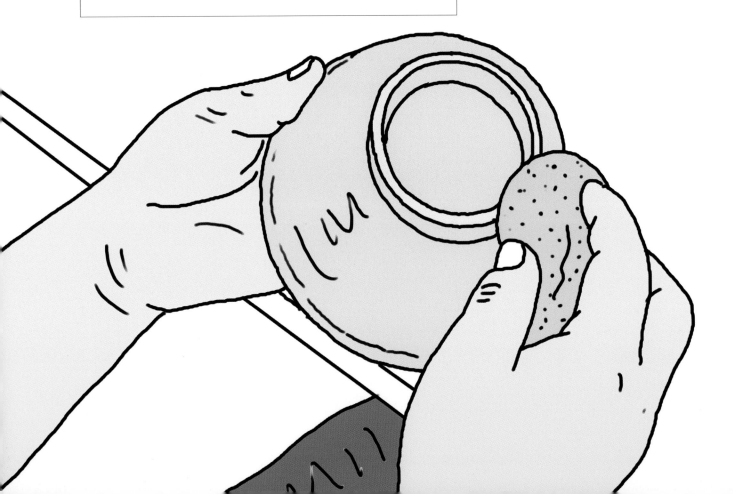

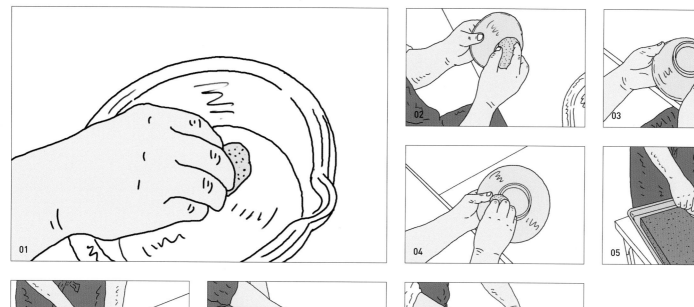

01 기본적인 굽 닦기 방법은 물스펀지를 사용하는 것이다.

05 물에 적신 방석스펀지를 알루미늄 쟁반 위에 올려놓고 사용하면 효율적인

   굽 닦기 도구가 만들어진다.

07 제유기는 자동으로 돌아가는 패드에 굽을 닦는 기계이며, 많은 양을 작업할 때

   효과적이다.

tip5

5장 Tip

시유 시 기물을 잡는 방법은 손으로 직접 잡는 방법과 집게를 이용한 방법이 있다. 손
으로 직접 잡는 경우엔 바깥굽과 안굽의 형태에 따라 다르다. 집게는 사발과 접시용이
있으며, 형태와 크기에 맞게 선택해 사용한다.

01 바깥굽의 형태는 손으로 굽을 잡고 시유한다.

03 안굽의 형태는 엄지와 중지를 사용해 전 부분과 굽을 잡고 시유한다.

04 사발용 집게를 사용한다.

05 접시용 집게를 사용한다.

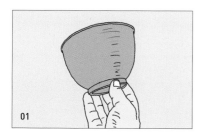

01

02

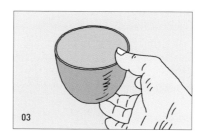

03

04

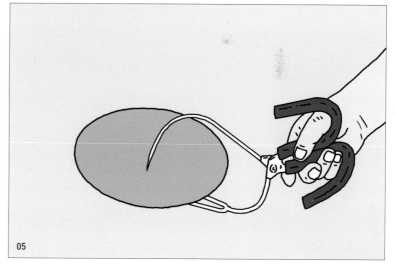

05

06

6장 재벌구이

재벌구이

재벌구이는 초벌구이 기물을 고온으로 굽는 과정이다. 고온 소성을 통해 기물의 강도는 높아지고, 유약을 통해 아름다운 도자기로 만들어진다. 그러나 재벌구이가 잘못되면 모든 게 허사가 된다. 마치 추수를 앞두고 수확을 망친 농부의 처지와 같게 된다. 하지만 도자기를 만드는 일에 있어 가장 흥미로운 순간은 역시 가마문을 여는 순간일 것이다. 결과물을 통해 희비가 엇갈리는 만큼 작업에 대한 희열감도 커지기 때문이다.

고온소성은 크게 산화소성과 환원소성이 있다. 이 두 가지 소성방식의 차이는 연료 연소를 위한 산소 공급이 얼마나 원활한가에 있다. 산소가 충분해 완전연소가 되면 산화소성, 산소가 부족해 제대로 연소가 안 되면 환원소성이 된다. 산소 공급량은 가마의 굴뚝에 있는 댐퍼를 사용해 조절한다. 댐퍼를 많이 열고 소성하면 굴뚝의 기능이 순조로워져서 외부의 공기 유입량이 늘고 자연히 산소 공급도 증가한다. 반면에 댐퍼를 많이 닫고 소성하면 굴뚝의 기능이 떨어져 외부의 공기가 제대로 유입 안 되고, 결과적으로 산소 부족으로 인한 불완전연소 즉 환원소성이 된다. 환원소성시에는 산소공급이 부족해서 발생한 탄소가 소성중인 기물의 소지와 유약에 있는 금속산화물의 산소와 결합하면서 색상을 변화시킨다. 환원소성은 소지

의 색상이 산화소성에 비해 백색도가 높으며, 산화철이 함유된 유약의 경우 산화소성이 갈색 계열이라면 환원소성은 푸른 계열의 색조를 나타낸다. 또한, 산화동이 함유된 유약의 경우엔 녹색 계열이 적색 계열로 변화된다. 조선시대 진사백자의 붉은색은 이렇게 얻어진 것이다.

산화소성의 장점은 환원소성에 비해 소성 시간이 짧으며, 산화물과 안료의 색상을 안정적으로 얻을 수 있다는 데 있다. 또한 불완전연소로 인한 검은 연이 기물에 배이는 일이 거의 없는 점도 장점 중에 하나다. 반면에 환원소성은 산화소성에 비해 많은 시간이 소요되나 소지의 채도가 높고 내구성도 좋아지는 장점을 지니고 있다. 결국 어떤 소성방식을 택하느냐는 원하는 결과물에 따라 달라진다.

소성 단계는 가마재임과 소성 그리고 가마풀기로 나뉜다. 여기서 소성 단계의 설명은 가스가마를 사용한 환원소성을 예로 삼고자 한다. 전기가마는 대개 자동온도 콘트롤러를 사용해 비교적 소성이 수월하기 때문이다.

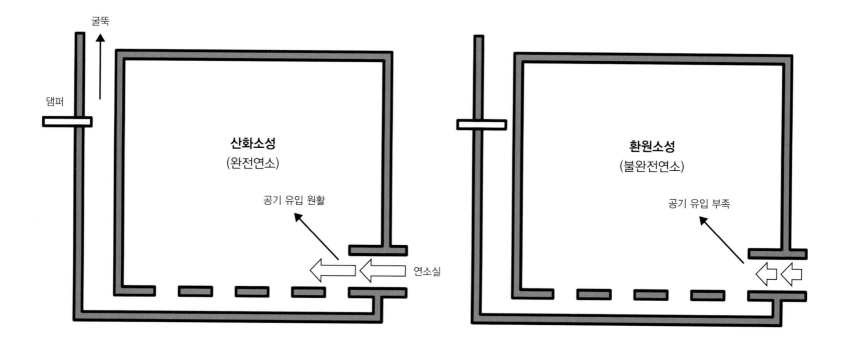

굴뚝

댐퍼

산화소성
(완전연소)

공기 유입 원활

연소실

환원소성
(불완전연소)

공기 유입 부족

1 가마 재임

재벌구이의 가마재임은 기물을 포개서 쌓을 수 없다는 점만 빼고 초벌구이와 크게 다르지 않다. 다만 여러 종류의 유약을 입힌 기물들을 소성할 때는 가마 내부의 온도가 균일하지 않다는 점을 고려해 적정한 위치에 재임하는 것이 필요하다. 소성 시 내부 온도의 상하 편차를 고려해 소성 온도가 상대적으로 낮은 유약의 기물은 가급적 가마 아래쪽에, 상대적으로 높은 온도의 유약은 위쪽에 재임하는 것이 좋다.

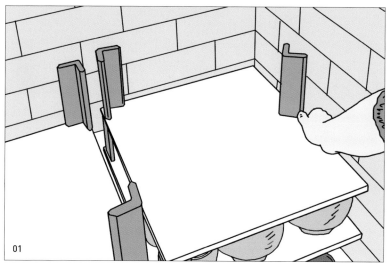

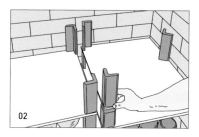

01 내화판 위에 지주를 올려놓는다. 지주는 세 개를 사용한다. 두 개는 내화판 모서리 끝에, 나머지 한 개는 내화판 가장자리 중앙에 올려놓는다. 이 같은 지주의 위치는 가마재임이 끝날 때까지 동일하게 유지한다.

03 적재 공간의 효율적 활용을 위해 가급적 균일한 형태와 크기를 고려해 재임한다. 열순환을 고려해 너무 빽빽하게 재임하지 않는 게 좋다.

04 동일한 방법으로 가마 안에 기물들을 재임한다.

05 마지막 내화판을 쌓을 때는 가마 상층부의 공간이 어느 정도 여유를 갖게 한다. 그렇지 않으면 가마 내부의 열순환이 원활치 않아 온도상승이 어려워질 수 있다.

2 | 소성

소성을 할 때는 다음과 같은 소성일지를 작성한다. 가마의 특성을 숙지하고 유약에 따른 소성 방법을 익히는데 중요한 자료로 활용될 수 있기 때문이다.

소 성 일 지

MEMO

○ 소성 가마 :
○ 20 년   월   일(   ) / 점화시간: _____   날씨 : _____
○ 작성자 : _____
○ 소성방법 : 산화 / 환원   유약종류 : _____   소성기물 : _____

시간	1	2	3	4	5	6	7	8	9	10	11	12	13	14	15
상승온도															
가스압력															
기타사항															

(온도 그래프: 세로축 100~1300, 가로축 시간 1~15)

환원소성의 일반적인 소성 진행 과정은 아래와 같다. (가스가마 1루베 기준)

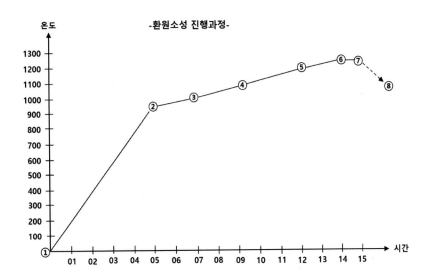

-환원소성 진행과정-

① 점화하는 과정은 초벌구이와 같다. (4장 초벌구이 소성 참조) 댐퍼를 완전히 열고 산화로 950℃까지 소성한다. 소요시간은 5시간 정도.

② 950℃가 되면 가마의 댐퍼를 밀어 넣으면서 환원소성에 들어간다. 불보기 구멍을 열고 환원 상태를 확인한다. 불보기 구멍 밖으로 불꽃이 나오는 정도를 보고 환원 정도를 확인한다. 불꽃 길이가 길수록 강한 환원 상태다. 그러나 처음부터 너무 강하게 환원소성을 하면 온도상승이 어려우며, 불완전연소로 인해 색상이 탁해질 수 있으니 주의해야 한다.

③ 1000℃가 되면 댐퍼를 조절해 좀 더 강한 환원으로 바꾼다.

④ 1100℃부터 1200℃는 가급적 천천히 소성한다. 이 과정에서 급하게 온도상승이 이뤄지면 유약 표면에 핀홀이 생길 수 있으니 조심해야 한다.

⑤ 1200℃부터는 환원을 약하게 바꾼다. 적정온도까지는 2~3시간 소요된다.

⑥ 적정온도에 이르면 댐퍼를 빼내 산화소성으로 바꾸고 20~30분 정도 끌어준다. 이때 온도가 급상승하면 가스압력게이지를 조절해 연료공급을 줄여주고, 가마 불을 끌 때까지 가급적 일정 온도를 유지토록 한다. 이같이 산화소성으로 끌어주면 가마 내부의 잔여 가스를 연소시켜 유약이 맑아지고, 가마 내부의 온도편차를 줄여 골고루 소성된다.

⑦ 가마불을 끈다. 불을 끄는 방법과 과정은 초벌구이와 동일하다.
(4장 초벌구이 소성 참조)

⑧ 냉각과정은 하루 이상 걸린다. 가마를 열기 전까지 냉파가 없도록 주의해야 한다.

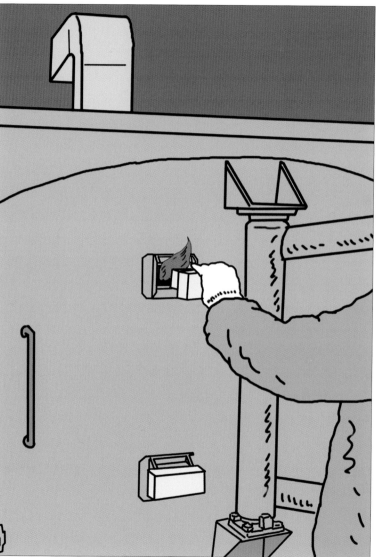

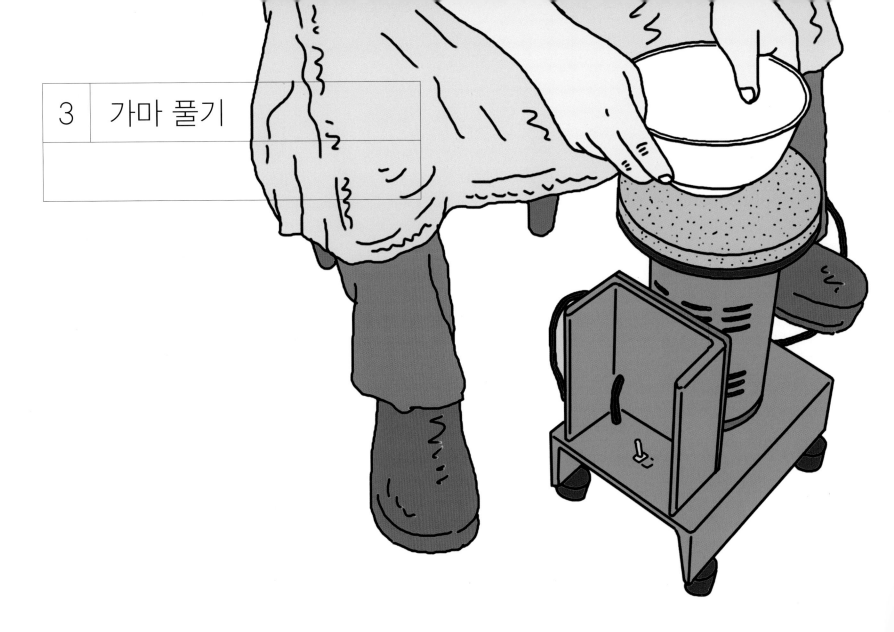

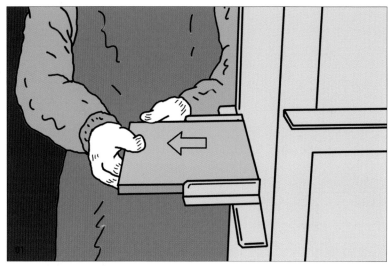

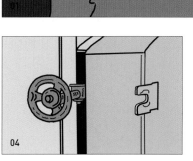

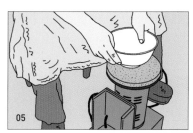

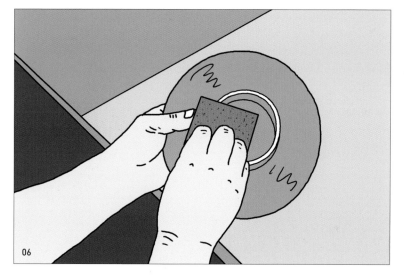

01 가마문을 완전히 열기 전에 굴뚝의 댐퍼를 빼내 준다.

02 불보기 구멍을 열어준다.

03 가마문을 조금 열어준다. 100℃ 이하로 내려가면 가마문을 완전히 열고 기물을
꺼낸다.

05 굽갈이를 사용해 굽에 붙어 있는 이물질을 제거하고 거친 부분을 갈아낸다.

06 굽갈이가 없을 경우엔 사포를 사용해 갈아준다.

07

7장 도자기 장식

도자기 장식

오랜 역사를 지니고 있는 동서양의 도자기는 다양한 장식기법을 발전시켜 왔으며, 우리나라의 대표적인 도자기 장식기법에는 고려시대의 상감과 조선시대의 분청 그리고 청화가 있다. 상감기법은 그 자체만으로도 중국의 청자와 구별되는 독창성을 지니고 있으며, 분청은 자유분방한 즉흥성과 소박함으로 우리 민족의 고유한 문화적 정서를 가장 잘 표현하고 있다는 평가를 받는다. 또한, 청화백자는 중국과 일본의 것에 비해 화려하진 않지만 단아하면서도 청아한 느낌이 남다르다. 이 밖에도 우리나라의 도자 장식기법에는 투각, 음각, 양각, 면치기, 연리문 등 많은 장식기법이 있다. 이 같은 장식은 아름다운 도자기를 만드는데 중요한 요인이 된다. 따라서 장식기법을 다양하게 경험하고 연습하는 것이 중요하다. 나아가 자신만의 기법을 특화해 발전시켜 나간다면 개성적인 도자기를 만들 수 있을 것이다. 본 책에서는 대표적인 장식기법으로서 청화와 상감 그리고 분청 장식 중 귀얄분청과 덤벙분청에 대해 간략하게 설명하고자 한다.

청화백자

귀얄분청

상감청자

덤벙분청

1 | 청화 그리기

청화는 조선백자의 대표적인 장식기법이며, 초벌구이된 기물의 표면에 청색의 코발트 안료를 사용해 그림을 그리는 기법이다.

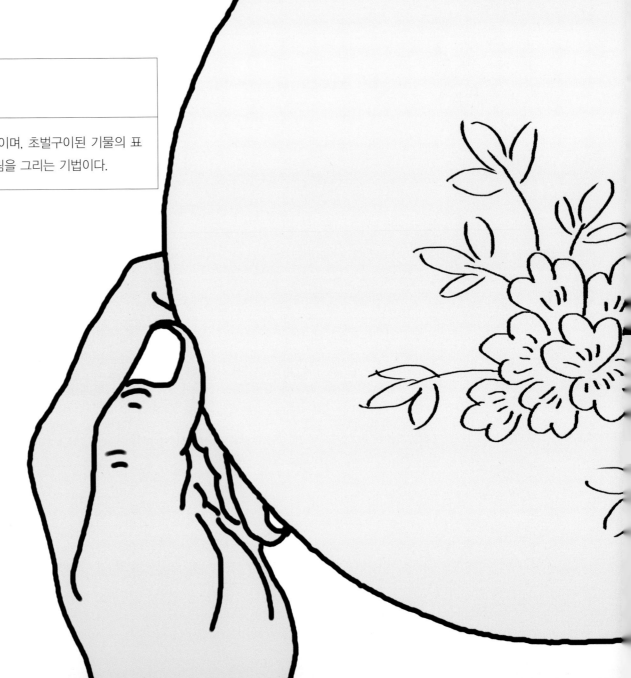

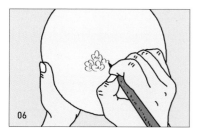

01 청화안료를 적당량 유발에 담는다. 청화안료는 재료상에서 구입 가능하다.
　　코발트 산화물을 직접 사용할 경우엔 오랫동안 곱게 갈아서 사용해야 한다.

02 유발에 물을 조금 붓고 곱게 갈아준다. 코발트 산화물은 비중이 높아 침전이 잘되므로
　　입자를 가급적 곱게 만드는 게 좋다.

04 코발트가 침전되는 것을 막고 안료를 부드럽게 하기 위해 글리세린을 섞는다. 특히 얼룩없
　　이 넓은 면을 채색할 때는 글리세린 양을 좀 더 많이 섞어 사용하는 것이 하는 것이 좋다.

05 유발을 사용해 곱게 갈면서 잘 섞어준다. 필요한 농담을 위해 물을 추가로 넣으면서
　　섞는다. 청화를 그리기 위해선 몇 단계의 농담이 다른 안료가 필요하다.

06 연필로 초벌구이된 그릇의 바닥 면에 밑그림을 그린다.

07 붓은 여러 종류가 필요하다. 기본적으로 선을 그리기 위한 붓과 면을 채색하기 위한 붓을
　　준비한다. 붓은 주로 황모 계열의 탄력이 좋은 것으로 사용하며, 안료를 충분히 흡수해서
　　채색 시 고른 농담을 유지할 수 있는 것이 좋다.

08 밑그림을 따라 선을 그려 넣는다.

09 형태에 맞춰 채색을 한다. 생동감 있는 청화를 그리기 위해선 첫째, 속도감이 있어야 한다.
　　둘째, 농담의 변화가 있어야 한다. 이를 위해선 많은 연습과정이 필요하다.

2 상감하기

고려 상감청자에는 백상감과 흑상감이 있다. 백상감은 백토를 사용하고 흑상감은 산화철 성분이 많이 함유된 자토를 사용한다. 그러나 오늘날에는 다양한 색상의 상감을 통해 현대적인 감각을 표현하고 있다. 또한 청자와 분청사기뿐만 아니라 백자에도 많이 활용되고 있다.

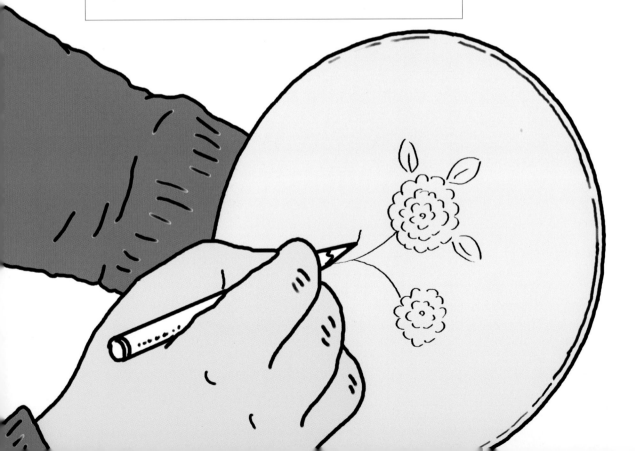

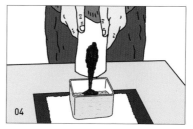

01 점토와 안료의 혼합비율에 따라 다양한 농담의 색상을 얻을 수 있으므로 필요한 비율에 맞춰 색이장을 준비한다. 이를 위해 마른 점토의 무게를 저울 사용해 정한다.

02 마른 점토를 물에 쉽게 풀기 위해 곱게 분쇄한다.

03 원하는 혼합비율에 맞춰 안료의 무게를 잰다.

04 준비된 점토와 섞는다.

05 물을 적당량 넣는다.

06 물을 넣은 후 어느 정도 점토가 물에 풀어질 때까지 기다린다.

07 도구를 사용해 잘 섞어준다. 이후 목체로 걸러서 사용하면 더 좋다.

08 상감할 문양을 구상한다.

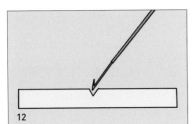

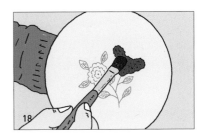

10 연필로 반 건조된 기물의 바닥 면에 밑그림을 그려 넣는다.

12 상감칼을 사용해 밑그림에 맞춰 음각으로 파낸다.

15 음각으로 문양이 완성되면 마른 붓으로 문양의 표면을 정리한다.

16 준비된 색이장을 붓에 넉넉하게 바른다.

17 음각으로 파낸 문양선을 따라 색이장을 충분히 발라준다.

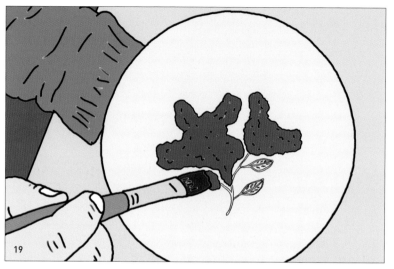

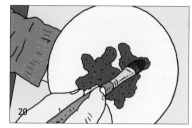

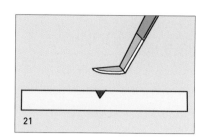

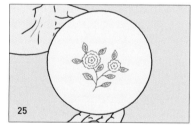

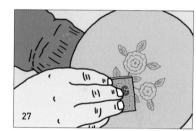

20 색이장을 바른 후, 이장이 어느 정도 건조될 때까지 기다린다. 그러나 건조가 너무 많이 진행되면 감입된 색이장에 균열이 생기고 떨어져 나올 수도 있으니 주의해야 한다.

21 굽칼 또는 속파기칼 등을 사용해 표면의 색이장을 조심스럽게 긁어낸다.

22 긁어낸 부분에 상감된 문양이 드러난다.

24 문양이 완성되면 마른 붓으로 표면을 정리해 준다.

25 완성된 상감은 감입된 이장에 균열이 생기지 않도록 천천히 건조하는 것이 좋다.

26 건조 과정에서 수시로 균열 여부를 확인하고 나무도구를 사용해 문양을 문질러준다.

27 상감한 기물의 최종 정형작업은 초벌 후, 고운 사포를 사용해 마무리한다.

3 화장토 장식

화장토 장식은 말 그대로 얼굴에 분을 바르듯 기물의 표면에 화장하는 것을 뜻한다. 과거 조선시대 분청사기는 '분장회청사기'의 줄임말이며, 다시 말해 청자에 분을 발랐다고 보면 된다. 분을 바른 이유는 쇠퇴한 청자의 태토가 너무 거칠어져서다. 얼굴의 흠을 감추기 위해 분을 바르듯이 도자기의 거친 표면을 감추기 위해 백화장토로 화장을 한 것이다.

분청사기에서 사용되는 화장토 장식기법엔 청자에서와 같은 상감기법, 문양이 새겨진 도장을 사용해 상감하는 인화문기법, 분장을 한 후 선으로 긁어 장식하는 선각기법, 선각으로 문양을 그린 후 나머지 면을 깎아내는 박지기법, 분장한 후 산화철로 문양을 그리는 철화기법, 동물의 털이나 수수비로 만든 거친 붓으로 분장을 기물에 두르는 귀얄기법, 그리고 마지막으로 담가서 기물에 분장을 하는 덤벙기법 등이 있다. 여기에서는 분장의 기본이 되는 귀얄기법과 덤벙기법을 소개하고자 한다. 분장을 하기 위한 화장토는 재료상에서 구입 가능하지만 직접 만들어 쓰고자 할 때는 아래와 같은 재료를 물과 혼합해 사용하면 된다.

백분율(%)

백분장		백분장		덤벙분장	
규석	60	백토	50	도석	40
와목	40	도석	30	규석	40
		와목	20	와목	20

1) 귀얄기법

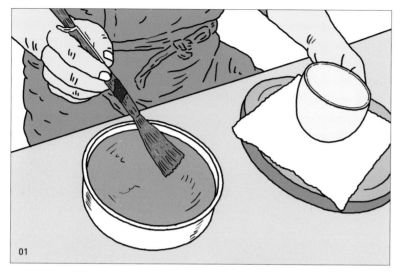

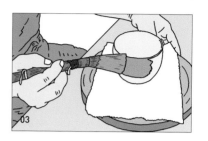

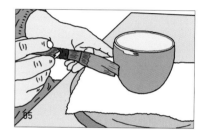
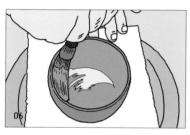

01 분청 싸리붓과 백분장을 준비한다.

02 싸리붓에 분장을 충분히 묻힌다.

03 손물레를 천천히 돌리면서 분장을 바른다.

04 기물의 전체를 분장으로 두른다.

05 거친 붓자국의 형상이 기물의 형태와 잘 어울리게 바른다.

06 기물의 안쪽도 분장을 바른다.

07 전체적으로 분장에 의한 붓자국이 자연스러운 흐름으로 이어지도록 정리한다.

2) 덤벙기법

01 유약작업과 동일한 방식으로 기물을 비스듬히 세워서 분장에 담근다.

05 기물을 완전히 담그고 난 후에 바로 꺼내 올린다.

07 작업대 위에 올려놓는다.

08 분장이 안 된 부분은 손에 묻어 있는 분장으로 보완해준다.

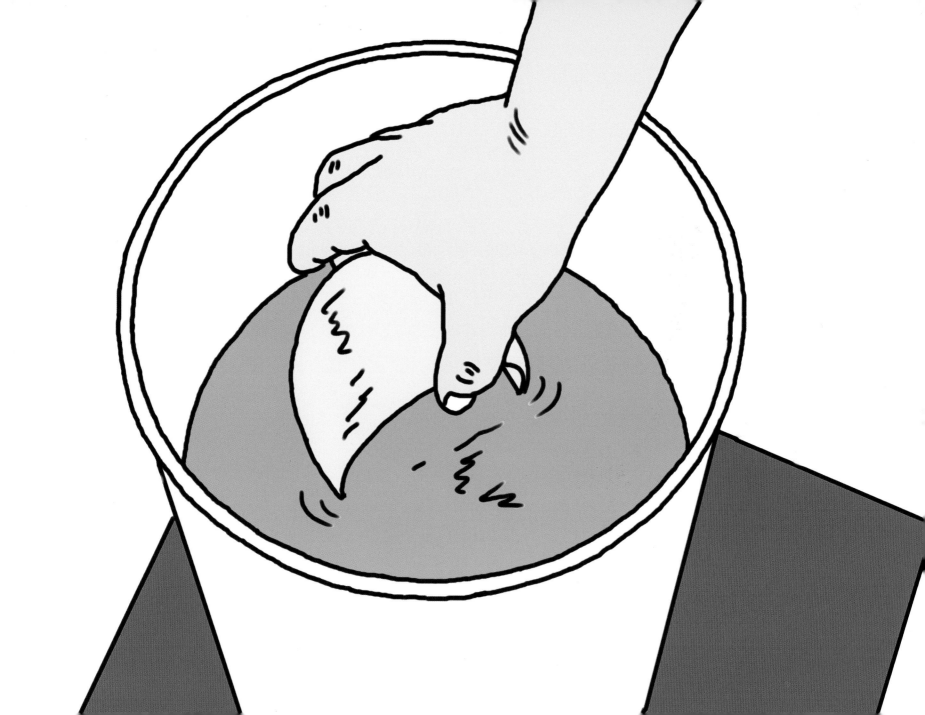